© dpa

Prof. Dr. Mojib Latif, 1954 in Hamburg geboren,
ist einer der bekanntesten Klimaexperten Deutschlands
und wurde 2000 mit dem »Max-Planck-Preis für
öffentliche Wissenschaft« ausgezeichnet. Er ist
Professor am Leibniz-Institut für Meereswissenschaften
an der Universität Kiel.

Prof. Dr. Mojib Latif

Herausforderung Klimawandel

Was wir jetzt tun müssen

WILHELM HEYNE VERLAG
MÜNCHEN

FSC

Mix
Produktgruppe aus vorbildlich
bewirtschafteten Wäldern und
anderen kontrollierten Herkünften
Zert.-Nr. SGS-COC-1940
www.fsc.org
© 1996 Forest Stewardship Council

Verlagsgruppe Random House FSC-DEU-0100
Das für dieses Buch verwendete FSC-zertifizierte Papier *München Super*
liefert Mochenwangen.

Aktualisierte Taschenbuchausgabe 05/2007
Copyright © 2003 by Ullstein Heyne List GmbH & Co. KG, München
Copyright © 2007 by Wilhelm Heyne Verlag, München, in der Verlagsgruppe
Random House GmbH
www.heyne.de
Printed in Germany 2007
Umschlaggestaltung: Eisele Grafik Design, München
Umschlagillustration: Visuals Unlimited/ Corbis
Satz: Buch-Werkstatt GmbH, Bad Aibling
Druck und Bindung: GGP Media GmbH, Pößneck

ISBN: 978-3-453-61503-8

Inhalt

Vorwort

Man sprach von einem Sahara-Sommer, einem Jahrhundert-sommer. Und auch der Deutsche Wetterdienst bestätigte, der Sommer 2003 war bei weitem der wärmste in Deutschland seit es instrumentelle Wetteraufzeichnungen gibt. Einige Messrei-hen in unserem Land gehen auf mehr als zweihundert Jahre zurück, und auch in diesen war der Sommer 2003 der absolute Rekordsommer. Aber nicht nur das: Berichte über extreme Wetterereignisse häufen sich auf erschreckende Weise in den letzten Jahren. Große Dürren in vielen Regionen Europas, Waldbrände in Südeuropa, Hurrikans in Nordamerika, Über-schwemmungen in Asien, dazu die sintflutartigen Niederschlä-ge 2003 im Elbegebiet mit der großen Flut. 2001 gab es die Weichselflut und die Überflutungen am Po, 2000 das Hoch-wasser der Theiß in Nordungarn und 1997 das Oderhochwas-ser. Von zehn in Europa gemessenen größten Hochwasser-ereignissen fallen neun auf die letzten zwanzig Jahre. Was ist los mit unserem Wetter, mit unserem Klima? Ist wirklich noch alles in Ordnung damit oder sind wir schon mittendrin im glo-balen Klimawandel? Die Antwort ist längst gegeben: Die kli-matische Veränderung ist eine nicht mehr zu leugnende Gege-benheit, ebenso die Tatsache, dass der Mensch einen großen Anteil an ihr hat. Dies ist schon 1995 vom Zwischenstaatlichen Ausschuss für Klimaveränderungen (IPCC, Intergovernmen-tal Panel on Climate Change), einem Gremium der UNO und der Weltorganisation für Meteorologie festgestellt worden: Es gibt »einen erkennbaren Einfluss des Menschen auf das Kli-ma«. In seinem Bericht aus dem Jahr 2001, an dem über eintau-send weltweit führender Klimawissenschaftler mitgearbeitet haben, sei es als Autoren oder als Gutachter, hat der IPCC diese Position noch deutlicher unterstrichen. Es herrscht also eine relativ große Einigkeit in der internationalen Klimaforschungsgemeinde, dass Klimaveränderungen auch menschengemacht sind.

Was heißt das aber? Ist jetzt jedes extreme Wetterereignis auf den Menschen als Ursache zurückzuführen? Wird von nun an jeder Sommer ein Sommer der Extreme sein? Natürlich nicht. Die Älteren von uns werden sich noch daran erinnern, dass es auch damals in ihrer Jugend Wetterextreme gab, als der menschliche Einfluss auf das Klima noch geringer war. Jeder von uns weiß, dass es schon immer in der Geschichte der Erde Klimawechsel gegeben hat. Die Eiszeiten, als große Teile Nordeuropas unter einem kilometerdicken Eispanzer begraben waren, sind dafür ein eindrucksvoller Beweis. Ein Klima ohne Wetterextreme gibt es nicht. Wir müssen aber damit rechnen, dass in dem Maße, wie der Mensch die Erde aufheizt, sich auch die Wetterextreme häufen werden. Im Sommer werden wir vermehrt mit extrem hohen Temperaturen rechnen müssen, mit einer Hitze, die wir bisher nur aus südlicheren Gefilden kannten. Lang anhaltende Trockenperioden werden ebenfalls zunehmen wie auch die Wahrscheinlichkeit für heftige Gewitter, sintflutartige Niederschläge oder riesige Hagelkörner. Strenge Winter treten dann höchstens einmal pro Jahrzehnt auf, Frost und Schnee erhalten Seltenheitswert und in vielen Gegenden wird man sich vom Skitourismus verabschieden müssen. Umgekehrt wird im Mittelmeerraum wegen unerträglicher Hitze und Trockenheit der Sommerreiseverkehr erhebliche Einbußen erleiden.

Allein in Deutschland hat die Anzahl extremer Wetterlagen in den letzten Jahren stark zugenommen – mit verheerenden Auswirkungen. Kommen wir noch einmal auf die Elbeflut

2002 zurück. Überschwemmungen hatte es schon immer gegeben, aber Katastrophen in derartigen Dimensionen nicht. Die Menschen brauchten Zeit, um diese Ausmaße zu erfassen. Die außergewöhnliche Dürre in 2003 zählt ebenso hierzu. Diese Ereignisse haben enorme Schäden wie zerstörte Häuser und Ernteausfälle verursacht und beträchtliche Teile des Bundeshaushalts wurden und werden aufgewendet, um sie zu beseitigen. In der Öffentlichkeit, ja in sämtlichen Talksendungen der Nation wird verstärkt die Frage gestellt, ob sich unser Klima noch innerhalb der natürlichen Schwankungsbreite bewegt oder ob der menschliche Einfluss schon ein wesentlicher Faktor ist, der die weltweiten Wetterabläufe mitbestimmt. Nach und nach wird klar, dass das, was sich rund um den Globus an Klimaeffekten und Folgewirkungen zeigt, ein deutlicher Hinweis ist, dass wir an unsere Grenzen stoßen. Dieses Buch soll dazu dienen, diese Diskussion auf eine solide Basis zu stellen und Antworten auf brennende Fragen zu liefern. Wir werden sehen, dass man den menschlichen Einfluss auf das Klima nicht mehr abstreiten kann. Die Fakten sprechen eine eindeutige Sprache, es bestätigen sich die Forschungsergebnisse der Klimaexperten, die seit den siebziger Jahren des letzten Jahrhunderts genau auf das hinweisen, was derzeit von uns allen erlebt wird. Es ist die Zeit zum Handeln gekommen, um unser Klima auf einem Niveau zu stabilisieren, das unsere Lebensgrundlagen nicht ernsthaft gefährdet.

Als ich in den siebziger Jahren angefangen habe, das Fach Meteorologie zu studieren, hätte ich mir nicht träumen lassen, einmal im Blickpunkt des öffentlichen Interesses zu stehen. Sicher, das Wetter interessiert jeden, es ist Gesprächsthema auf jeder Party, wenn einem partout nichts anderes einfallen will, und man schimpft gerne, am besten im Chor, über das Hundewetter, weil es mal wieder nicht so ist, wie es sein soll. Aber man hat Kälte, Hitze, Donner und Sturm bislang irgendwie hingenommen, weil man der Meinung war, ohnehin keine Einwirkmöglichkeit auf die Abfolge von Tiefs und Hochs zu haben. Aber stimmt das wirklich? Jahrtausendelang jedenfalls konnte man davon ausgehen. Das Wetter hat gemacht, was es wollte. Heute stehen wir aber an einem Scheideweg, an dem wir die Weichen für unser zukünftiges Klima stellen. Was daran liegt, dass wir seit den Umwälzungen durch die industrielle Revolution die Zusammensetzung unserer Atmosphäre verändern. In nie gekanntem Maße ist zuvor Kohle, Öl und Erdgas verbrannt worden, und dies hat die langfristigen Wetterabläufe, das Klima, auf unserem Erdball gehörig durcheinander gebracht. Das Wetter ist heute nicht mehr nur Partythema, die Menschen machen sich inzwischen ernsthaft Gedanken über die Zukunft unseres Globus und fragen sich, was noch alles passieren kann. Die ersten Anzeichen des von uns mitverursachten globalen Klimawandels sind unübersehbar: Die Erde heizt sich mehr und mehr auf und die Wetterextreme nehmen weltweit zu. Nachfolgende Generationen werden den von unseren Großeltern, Eltern und auch von uns angestoßenen Klimawandel spüren. Wir haben daher eine große Verantwortung für unseren Erdball.

Seit vielen Jahren nehmen sich die Medien der Klimaproblematik an, und es wird ausgiebig über extreme Wetterereignisse berichtet und darüber diskutiert, welchen Anteil der Mensch an diesen Phänomenen hat. Mein bis dahin recht ruhiges Forscherleben veränderte sich im August 1986 radikal, als das Nachrichtenmagazin *Der Spiegel* mit einem Titelbild aufmachte, auf dem in einer Bildmontage der im Wasser halb versunkene Kölner Dom zu sehen war. Darunter war das Wort »Klimakatastrophe« zu lesen. Dieses Wort ist inzwischen in der öffentlichen Diskussion zum Synonym für das Klimaproblem geworden. Klimawissenschaftler wie ich nehmen diesen Begriff aber nicht in den Mund, wir sprechen neutral von einem »Klimawandel«. Ich möchte keine Ängste schüren, sondern so objektiv wie möglich über die Klimaproblematik informieren. Seit jenem Sommer 1986 verbringe ich einen beträchtlichen Teil meiner Zeit damit, der Öffentlichkeit die Klimaproblematik näher zu bringen, ihr den Treibhauseffekt oder das Ozonloch zu erläutern. Das vorliegende Buch ist ein weiterer Beitrag in diese Richtung. Dabei hoffe ich, dass die Menschheit endlich aufwacht und die notwendigen Schritte unternimmt, um den globalen Klimawandel möglichst in Grenzen zu halten. Die jüngsten Wetterextreme haben uns deutlich vor Augen geführt, wie verwundbar auch wir in Deutschland sind.

Mitten drin: der globale Klimawandel

Die Erde hat Fieber

Immer neue Hitzerekorde zeigen, dass die Erde Fieber hat, das heißt ihre normale Temperatur von knapp 15 Grad vor Beginn der Industrialisierung ist auf heute etwa 15,6 Grad angestiegen. Zurzeit würde man bei diesem Zustand noch von erhöhter Temperatur sprechen. Es gibt aber gute Gründe für die Annahme, dass sich die Erde innerhalb der nächsten Jahrzehnte noch weiter erwärmen wird, also hohes Fieber bekommt. So wie auch wir uns nicht besonders wohl fühlen, wenn wir eine erhöhte Temperatur haben, so gerät auch das Erdsystem immer mehr aus dem Gleichgewicht, wenn es sich mehr und mehr erwärmt. Der Mensch spürt typische Symptome, wenn er krank ist. Bei grippalen Infekten kann es beispielsweise zu Schüttelfrost, Schnupfen und Husten kommen. Die Symptome der fiebernden Erde sind dagegen Meeresspiegelanstieg, Zunahme von Wetterextremen oder der Rückzug der Gletscher. Mit anderen Worten: Jedes System hat so etwas wie eine optimale Betriebstemperatur, bei der es am besten funktioniert – bei uns Menschen beträgt sie ungefähr 37 Grad, bei der Erde kann man das nicht so genau definieren, aber in den letzten Jahrhunderten lag sie bei 15 Grad und die Menschheit ist damit jedenfalls gut gefahren. Ändert sich diese Temperatur, verlassen wir also den optimalen Bereich, kommt es zu den typischen Krankheitssymptomen. Eines dieser Symptome habe ich selbst deutlich vor Augen. Als ich in den fünfziger und sechziger Jahren Kind war, haben meine Geschwister, meine Freunde und ich im Winter unsere Schlitten herausgeholt und im Schnee gespielt. Auf Schnee konnte man sich damals verlassen. Weiße Winter sind heute jedoch sehr selten geworden, was ohne Zweifel auf das Konto der globalen Erwärmung geht.

Seit Beginn der Industrialisierung vor etwa zweihundert Jahren beeinflusst der Mensch das Klima. Dies ist keine neue Erkenntnis. Sie wurde schon Ende des vorletzten Jahrhunderts, also vor über hundert Jahren, von dem schwedischen Wissenschaftler Svante August Arrhenius publiziert. Arrhenius ging bei seinen Überlegungen davon aus, dass der Mensch vor allem durch die Verbrennung von Kohle zur Energieerzeugung enorme Mengen von Kohlendioxid (CO_2) in die Atmosphäre entlässt. Kohlendioxid ist ein natürlicher Bestandteil der Erdatmosphäre und unentbehrlich für die Pflanzen, die vom Kohlendioxid leben. Durch die Aufnahme von CO_2 wird in einem komplizierten Prozess Sauerstoff produziert, den die Pflanzen an die Umwelt abgeben. Wir erhalten dadurch die notwendige Luft zum Atmen. Schon damals wusste man aber auch, dass Kohlendioxid in der Lage ist, Infrarotstrahlen zu absorbieren. Der Physiker und Chemiker folgerte daraus, dass der menschlich verursachte Ausstoß von CO_2 zur Aufheizung der Erdatmosphäre führen muss, da das Kohlendioxid die von der Erdoberfläche ausgehende Wärmestrahlung, die Infrarotstrahlung, aufsaugt. Diese Betrachtung veranlasste den schwedischen Forscher, einige Berechnungen anzustellen. Er kam zu dem Ergebnis, dass sich die Erdoberfläche und damit auch die untere Atmosphäre im globalen Mittel um etwa vier bis sechs Grad erwärmen würde, sollte sich der CO_2-Gehalt der Atmosphäre verdoppeln. Arrhenius versuchte mit seinen Berechnungen vor allem die Klimaschwankungen in der Vergangenheit, zum Beispiel die Eiszeitzyklen, zu erklären. Wir wissen heute, dass er in der Tat einen wichtigen Mechanismus dafür gefunden hatte. Der weitsichtige Schwede stellte zugleich aber auch Berechnungen für die Zukunft an, um eine mögliche Klimabeeinflussung durch den Menschen zu prognostizieren. Er übersah dabei allerdings einen entscheidenden Punkt: Er konnte sich damals nicht vorstellen, dass der CO_2-Eintrag durch den Menschen so gewaltige Ausmaße annehmen würde. Bei seinen Kalkulationen ging Arrhenius vom damaligen Ausstoß aus, der nur einen Bruchteil des heutigen betrug. Der Nobelpreisträger von 1903 kam deswegen zu dem Schluss, dass der menschliche Einfluss auf das Klima gering sei, aus seiner damaligen Sicht ein völlig richtiger Schluss.

Niemand konnte zu dieser Zeit vorhersehen, wie rapide sich der Wohlstand der Menschheit erhöhen würde. Rauchende Schornsteine waren in gewisser Weise Sinnbilder dafür, unsichtbar blieb der damit verbundene erhöhte Ausstoß von Kohlendioxid. Es gab um die Jahrhundertwende noch keine geeigneten Messinstrumente, die den rapiden Anstieg der CO_2-Konzentration hätten erkennen lassen. Aber auch heute, wo wir genauere Messdaten vorliegen haben, ist eine schnelle Umkehr in Richtung einer kohlenstofffreien Weltwirtschaft nicht in Sicht. Aus diesem Grund wird sich, das ist jedenfalls zu vermuten, noch in dem erst angefangenen neuen Jahrhundert die atmosphärische Konzentration von Kohlendioxid verdoppeln. Wir könnten uns wieder mit den Ausgangsüberlegungen Arrhenius' beschäftigen und nachsehen, um wie viel sich nach seinem Berechnungsmodell die Temperatur der Erde erhöhen würde. Die Antwort wäre: um vier bis sechs Grad. Sollten diese Daten stimmen, dann stünde uns eine gewaltige Klimaänderung bevor, in etwa vergleichbar mit dem Temperaturunterschied von der letzten Eiszeit vor ungefähr 20 000 Jahren bis heute, der vier bis fünf Grad beträgt. Die heutigen, weitaus komplexeren Klimamodelle kommen nur auf eine nur halb so große Erwärmung, gesetzt den Fall, der atmosphärische CO_2-Gehalt würde sich verdoppeln. Aber auch ein solches Ergebnis wäre immer noch enorm, zumal es in einer vergleichsweise kurzen Zeit von fünfzig bis hundert Jahren eintreten könnte. Berücksichtigt man aber noch weitere Gase, die der Mensch in die Atmosphäre entlässt, wäre eine Erwärmung von bis zu sechs Grad in diesem Jahrhundert durchaus denkbar. Die Erde hätte dann wirklich sehr hohes Fieber.

Viele Menschen glauben, dass eine Erwärmung von einigen Graden nicht von Belang wäre. Um eine globale Erwärmung von mehreren Graden besser einordnen zu können, wird in der folgenden Abbildung die in den nächsten hundert Jahren mögliche Erwärmung den Temperaturschwankungen der letzten 150 000 Jahre gegenübergestellt. Dabei hat man angenommen, dass ein Großteil der heute bekannten Reserven an fossilen Brennstoffen – das sind neben Kohle vorwiegend Erdöl und Erdgas – in diesem Jahrhundert verfeuert werden. In der Folge erhöht sich die Emission von Kohlendioxid in die Atmosphäre wie auch anderer klimarelevanter Gase, beispielsweise Methan.

Die Abbildung auf Seite 16 zeigt deutlich, dass wir in Richtung einer Erdmitteltemperatur von etwa zwanzig Grad marschieren, eine Temperatur, für die es vermutlich keinen Vergleich gibt, auch wenn man viele Millionen Jahre zurückgeht. Natürlich gab es in der jüngeren Klimageschichte immer wieder starke Umschwünge, wie wir der Darstellung entnehmen können. Eine Erdmitteltemperatur von etwa zwanzig Grad wäre aber einmalig in der Geschichte der Menschheit. Während der letzten Eiszeit vor etwa 20 000 Jahren war es deutlich kälter als

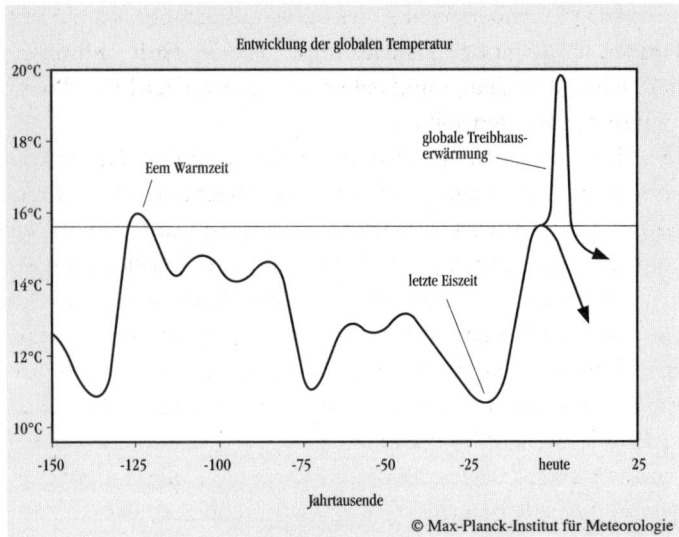

Entwicklung der globalen Temperatur

Eem Warmzeit

globale Treibhaus-
erwärmung

letzte Eiszeit

Jahrtausende

© Max-Planck-Institut für Meteorologie

Die durch den Menschen potenziell verursachte »Treibhauserwärmung«
im Vergleich zu der Temperaturentwicklung der letzten 150 000 Jahre.
Es handelt sich hierbei um eine geglättete Kurve der global gemittelten
Temperatur, welche die kurzfristigen Schwankungen eliminiert. Ohne
den Menschen würde sich das Klima langsam innerhalb der nächsten
Jahrzehntausende in Richtung einer Eiszeit entwickeln. Es gibt mehrere
Warmzeiten, Eem ist eine davon.

heute, während der letzten großen Warmzeit vor etwa 120 000
Jahren waren die Temperaturen ähnlich den jetzigen. Ohne
den Menschen würde sich das Klima langsam im Verlauf der
nächsten Jahrzehntausende wieder in Richtung einer Eiszeit
entwickeln, der Mensch greift aber in die Klimamaschinerie
ein. Die obige Abbildung verdeutlicht, dass wir im Begriff
sind, eine unglaubliche Klimaänderung anzustoßen, wenn wir
so weitermachen wie bisher, das heißt immer mehr klimabeein-
flussende Gase in die Atmosphäre entlassen. Die obige Abbil-

dung zeigt darüber hinaus, dass eine Änderung von einigen Graden in der globalen Mitteltemperatur der Erde radikal andere Klimate bedeutet und daher nicht auf die leichte Schulter genommen werden sollte.

Die sich zwangsläufig daran anschließende Frage lautet: Was können wir heute tatsächlich schon beobachten? Die Temperatur auf der Erde ist ein wichtiger Ausgangspunkt. Wenn von globaler Erwärmung die Rede ist, sollte man zuallererst nach den Anzeichen des anthropogenen, also durch den Menschen verursachten Klimawandels suchen. Prinzipiell gibt es dabei zwei Schwierigkeiten. Die eine hat damit zu tun, dass das Klima auch ohne den Einfluss des Menschen schwankt. Die zweite gründet in der Gegebenheit, dass das Klima auf Störungen nur sehr träge reagiert. Es ist also sinnvoll, lange Beobachtungsreihen zu betrachten, um zu entscheiden, ob eine bestimmte Veränderung der Temperatur noch als »normal« angesehen werden kann oder nicht. Nehmen wir einmal an, dass sich die Temperatur der Erde so entwickelt, wie in der obigen Abbildung angenommen wurde. Bis zum Jahr 2100 wäre dann die dargestellte Kurve die tatsächlich gemessene zeitliche Entwicklung der Temperatur. Die Temperatur der Erde würde also um etwa fünf Grad ansteigen – und das in nur einhundert Jahren. Dies wäre wahrhaftig eine Rekordtemperatur, die sich zudem in extrem kurzer Zeit in schwindelerregende Höhen bewegt hat. Mit unserem Klima wäre demnach etwas Außergewöhnliches passiert. Nun stehen wir aber erst am Anfang einer Erderwärmung und besitzen flächendeckende direkte Thermometermessungen nur für die letzten einhundert Jahre. Ein derart kleiner Zeitraum reicht kaum aus, um die menschliche Einwirkung auf das Klima nachzuweisen. Unabhängig davon ist ein Blick auf die Entwicklung der Globaltemperatur der letzten 140 Jahre dennoch interessant:

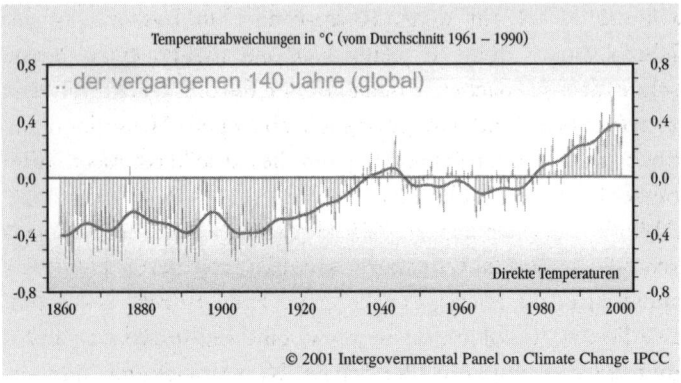

Die Entwicklung der global gemittelten Temperatur seit 1860, ermittelt aus direkten (Thermometer-)Messungen.

Die Abbildung zeigt in der Tat eine gewisse Erwärmung von ungefähr 0,6 Grad im 20. Jahrhundert. Sie erfolgte in zwei Schüben: Die Temperatur der Erde erhöhte sich besonders stark Anfang des Jahrhunderts, zwischen 1910 und 1940, sowie in den letzten Jahrzehnten. Dazwischen kann man sogar einen leichten Temperaturrückgang beobachten. Der Temperaturverlauf beweist zwar einen offensichtlichen Erwärmungstrend, dennoch ist hier schwer nachweisbar, ob der Mensch dafür verantwortlich, wenigstens mitverantwortlich ist. Der irreguläre Charakter des Temperaturverlaufs evoziert nämlich, dass es mehrere Faktoren geben muss, die unser Klima beeinflussen, mögen auch anthropogene dazugehören.

Man erkennt weiterhin, dass es überhaupt keinen Sinn macht, einzelne Jahre herauszugreifen, um aus ihnen auf eine langfristige Klimaveränderung zu schließen. So wie eine Schwalbe noch keinen Sommer bedeutet, weist ein außergewöhnliches

Klimajahr noch auf keinen Klimawandel hin. In den sechziger Jahren war es nämlich relativ kalt und manch einer dachte schon, dass die nächste Eiszeit vor der Tür steht. Das Klima ist zu sprunghaft, und wir benötigen also längere Messreihen, die noch viel weiter zurückreichen, um die aktuelle Klimasituation besser beurteilen zu können.

Abhilfe kann hier nur die Paläoklimatologie mit ihren wissenschaftlichen Verfahrensweisen schaffen, mit deren Hilfe versucht wird, die Klimageschichte der Erde zu rekonstruieren. Die Paläoklimatologie leistet dabei eine wahre Detektivarbeit und ist ein sehr spannender Teil der Klimaforschung. Man untersucht praktisch alles, was eine Chronologie aufweist, also eine zeitliche Abfolge aufzeichnet. Dies kann das Eis Grönlands oder der Antarktis sein, ebenso Meeressedimente oder Sedimente aus Binnenseen, uralte Bäume wie auch Korallen. Dabei spielen in diesen Klimaarchiven so genannte Isotopenverhältnisse eine wichtige Rolle, wobei die Eigenschaft eines chemischen Elements in Betracht gezogen wird, in verschiedenen Formen vorzukommen, die sich in chemischer Hinsicht völlig gleichen, sich aber durch differierende Atomgewichte und nach ihren radioaktiven Zerfallsvorgängen voneinander unterscheiden. Eines, das am häufigsten vorkommt, ist ein Sauerstoffisotopenverhältnis. Es gibt nämlich nicht nur den normalen Sauerstoff, der das in den Chemiebüchern angegebene Molekulargewicht besitzt, sondern auch seltene Abarten, die etwas schwerer sind. Beide Typen finden sich in den Molekülen des Meereswassers, die aus Wasserstoff und Sauerstoff bestehen. Das vergleichsweise schwerere Wassermolekül verdunstet nicht so leicht wie jenes Molekül, welches das Sauerstoffatom mit dem geringeren Standardgewicht enthält. Während einer Eiszeit beispielsweise ist sehr viel mehr Wasser als Eis auf den Kontinenten gespeichert. Das Meereswasser reichert sich daher mit den etwas schwereren Molekülen an, das Eis mit den leichten. Das Verhältnis der leichten Wassermoleküle zu seiner schwereren Abart im Eis und in den Meeressedimenten gibt deswegen Aufschluss über das globale Eisvolumen und damit auch über die Temperatur. Auf diese Art und Weise kann man unter anderem die Eiszeitzyklen rekonstruieren. Man kann aber auch die in Meeressedimenten enthaltenen Kleinstlebewesen untersuchen. Findet man Lebewesen, die es eher warm mögen, muss es wohl, als sie gelebt haben, warm gewesen sein. Findet man kälteliebende Tiere, war es kalt.

So hat man kürzlich das Klima der Nordhalbkugel mit Hilfe verschiedenster Verfahren zur Gewinnung von »Proxydaten«, das sind indirekt ermittelte Klimagrößen wie die Temperatur, für die letzten tausend Jahre rekonstruiert. Eine derart ermittelte Temperatur ist in der folgenden Abbildung zu sehen.

Dabei hat man Informationen aus dem Eis Grönlands, Baumringen und Korallen verwendet, um die zeitliche Entwicklung der Temperatur zu bestimmen. Wichtig ist in diesem Zusammenhang, dass man Informationen aus hohen Breiten, mittleren Breiten und den Tropen gemeinsam verwertet, damit man eine repräsentative mittlere Temperatur für die ganze Nordhalbkugel ableiten kann. Regional kann es nämlich immer wieder, infolge von Veränderungen in den Meeresströmungen, zu starken Temperaturänderungen kommen. Da wir aber an der globalen Erwärmung interessiert sind, möchten wir die Wandlungen auf der globalen oder zumindest hemisphärischen Skala betrachten. Man erkennt in der Abbildung, dass es auch vor Beginn der Industrialisierung, etwa um 1800, nennenswerte Klimaschwankungen gegeben hat, die Erwärmung der vergangenen hundert Jahre aber im Kontext der letzten tausend Jahre in der Tat außergewöhnlich ist. Die paläoklimatischen Rekonstruktionen sind natürlich nicht fehlerfrei. Aber selbst

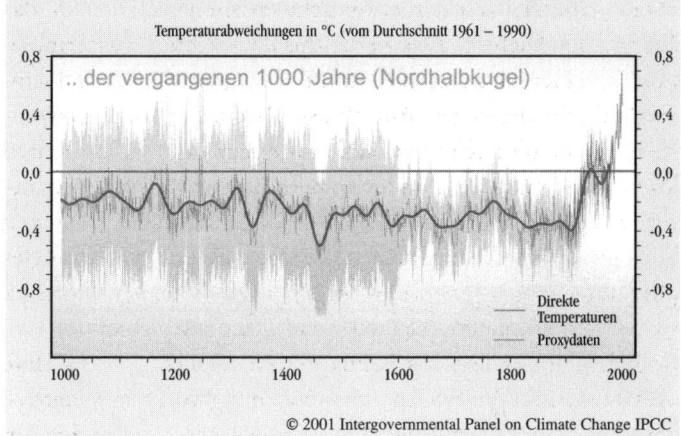

Temperaturabweichungen in °C (vom Durchschnitt 1961 – 1990)

.. der vergangenen 1000 Jahre (Nordhalbkugel)

Direkte Temperaturen
Proxydaten

© 2001 Intergovernmental Panel on Climate Change IPCC

Rekonstruktion der Temperatur der Nordhalbkugel für die letzten 1000 Jahre. Der Unsicherheitsbereich ist durch die Schattierung dargestellt.

wenn man die durch die Schattierung angegebene Fehlermargen voll ausschöpft, bleiben die Temperaturen im vergangenen Jahrzehnt die wärmsten der letzten eintausend Jahre. Dabei war das Jahr 1998 das wärmste Jahr im vorigen Jahrtausend. Es ist also offensichtlich, dass sich im Moment die Temperatur in einer Weise erhöht, mit einer Stärke und Geschwindigkeit, die sich vom »normalen« Klimageschehen der letzten eintausend Jahre deutlich abhebt.

Dieses Resultat deutet an, dass es möglicherweise einen neuen Mitspieler im Klimasystem gibt, und es liegt nahe, dass dieser neue Mitspieler der Mensch ist. Man kann in der Tat mit statistischen Methoden, unter Zuhilfenahme von Klimamodellen, den Menschen als »Klimamacher« entlarven. Um diesen Sachverhalt zu untermauern, sehen wir uns eine Modellrechnung an, die zum Ziel hatte, die Temperaturen der Nordhalbkugel der vergangenen eintausend Jahre zu simulieren. Ich möchte betonen, dass grundsätzlich beide Faktoren, die natürlichen wie auch die anthropogenen, für die Entwicklung des Klimas wichtig sind. Es geht also nicht darum, einen von beiden Faktoren als Ursache für die beobachtete Klimaerwärmung auszuschließen, sondern darum, zu quantifizieren, welche Anteile sie an der beobachteten Erwärmung haben. Mit einem physikalischen Modell haben Eva Bauer und weitere Mitarbeiter vom Potsdam-Institut für Klimafolgenforschung (PIK) das globale Klima der letzten tausend Jahre simuliert. Dabei sind sowohl die natürlichen Faktoren, wie beispielsweise Veränderungen in der Sonnenstrahlung oder der Vulkanaktivität als auch anthropogene Einflüsse wie der Ausstoß von Kohlendioxid und anderer klimabeeinflussender Spurengase durch den Menschen berücksichtigt, um die Reaktion des Klimas auf diese »Antriebe« nachzuvollziehen.

Das PIK-Modell ist in der Lage, die beobachtete längerfristige Temperaturentwicklung der Nordhalbkugel zu simulieren. Sowohl vor der Industrialisierung als auch für die Zeit danach zeigt das Modell eine brauchbare Darstellung des beobachteten langfristigen Temperaturverlaufs. Dieses Modell vermag sowohl die natürlichen als auch die anthropogenen Klimaschwankungen zum Ausdruck zu bringen. Da wir es aber beim Klima mit einem chaotischen System zu tun haben, können wir nicht erwarten, alle – vor allem aber die kurzfristigen Schwankungen – mit dem Modell genau zu erfassen. Daher sind die beiden Kurven in der Abbildung auch nicht deckungsgleich. Die simulierten langfristigen Trends stimmen aber dennoch mit den beobachteten überein. Eine detaillierte Analyse der Modellergebnisse hat schließlich ergeben, dass ungefähr achtzig Prozent der Erderwärmung der letzten hundert Jahre

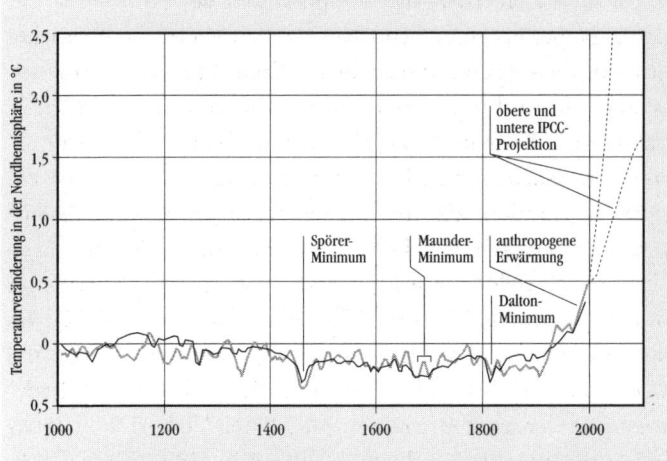

bdw-grafik; Quelle: Potsdam-Institut für Klimafolgenforschung

Simulation der Temperatur der Nordhalbkugel der letzten 1000 Jahre mit dem Klimamodell des Potsdam-Institut für Klimafolgenforschung. Zum Vergleich ist auch die entsprechende Rekonstruktion gezeigt. Eingezeichnet sind außerdem mögliche zukünftige Klimaänderungsszenarien, die von verschiedenen Modellen berechnet wurden.

auf den Menschen zurückzuführen ist und nur etwa zwanzig Prozent auf natürliche Faktoren. Dieses Ergebnis wird von anderen physikalischen Klimamodellen ähnlich simuliert. Die Modellresultate sind ein weiteres wichtiges Indiz, dass der Mensch seit Beginn der Industrialisierung immer mehr die Herrschaft über das Klima übernommen hat. Es sind vor allem die neuen paläoklimatischen Temperaturrekonstruktionen, die hier vorgestellten Simulationen mit Klimamodellen sowie die als »Fingerabdruckverfahren« (siehe Seite 100) bekannten aufwändigen statistischen Verfahren, die den Ausschuss für Klimaveränderungen, den IPCC, schon 1995 dazu veranlasst haben zu erklären, dass es einen erkennbaren Einfluss des Menschen auf das Klima gibt. Der wissenschaftliche Nachweis dafür, dass es eine Klimaeinwirkung durch die Menschen gibt, existiert also nicht erst seit heute.

An dieser Stelle muss man aber auch auf das zweite Problem aufmerksam machen, das die heute schon zu beobachtende Erderwärmung in ein noch anderes Licht rückt. Das Klimasystem reagiert äußerst träge auf Antriebe von außen, wie etwa auf den Ausstoß von Kohlendioxid und anderer Spurengase durch den Menschen. Das Klima verhält sich vergleichbar mit einem Auto, bei dem wir Vollgas gegeben haben. Jeder weiß, dass es infolge der Masse des Autos dauert, bis es die Endgeschwindigkeit erreicht. Ebenso führt die Trägheit des Autos dazu, dass, wenn einmal die Höchstgeschwindigkeit erzielt ist, der Bremsweg sehr lang ist, um das Auto wieder anzuhalten. Übertragen auf das Klima bedeutet dies: Insbesondere die große Wärmekapazität der Weltmeere führt dazu, dass das Klima nur sehr langsam mit einer typischen Zeitverzögerung von einigen Jahrzehnten reagiert. Im Klartext heißt das, dass man zurzeit noch gar nicht erwarten kann, dass wir das volle Ausmaß des menschlichen Einflusses auf das Klima beobachten können. Umso besorgniserregender ist es, wenn man schon heute nachweisen kann, dass es den menschlichen Einfluss auf das Klima real gibt und dass der Mensch zum größten Teil zur Klimaveränderung der letzten hundert Jahre beigetragen hat. Daraus folgt, dass sich das Klima in den kommenden Jahrzehnten weiter verändern wird, denn wir haben im wahrsten Sinne des Wortes in der Vergangenheit »Vollgas« gegeben. Und wie gesagt: Die Geschwindigkeit mit der sich unser Klima derzeit verändert, ist bereits recht hoch. Der Bremsweg wird entsprechend lang sein.

Weil sich das Klima erwärmt hat und sich in den nächsten Jahrzehnten noch weiter erwärmen wird, ist bereits jetzt die Wahrscheinlichkeit für kommende heiße Sommer sehr groß – und sie wird, nach allem was wir wissen, noch weiter ansteigen. Wenn sich bei uns die Jahresmitteltemperatur in den nächsten Jahrzehnten um zwei Grad erhöht, dann werden wir sommerliche Höchstwerte von deutlich über vierzig Grad zu erwarten haben. Noch liegt der offizielle deutsche Hitzerekord bei 40,2 Grad. Er wurde im Jahr 2003 zwar »nur« eingestellt, er wird aber in den nächsten Jahrzehnten deutlich überboten werden. Das ist sicher. Bezogen auf den gesamten Sommer 2003 wurde der bisherige Rekord jedoch deutlich überrundet. Dass die Wahrscheinlichkeit für extrem heiße Sommer steigt, besagt aber nicht, dass wir nun jedes Jahr mit einem Sahara- Sommer zu rechnen haben. Genauso wird in Zukunft nicht jeder Winter ein verhinderter Frühling sein. Immer wieder wird ein strenger Winter oder ein kühler Sommer auftreten. Das Wetter ist eben chaotisch und sorgt immer wieder für Überraschungen. Bestes Beispiel dafür ist der gezinkte Würfel. Selbst wenn er auf die Zahl Sechs gezinkt ist, erscheinen immer noch die restlichen fünf Zahlen, nur eben weniger häufig. Der Wetterwürfel ist ebenfalls gezinkt. Und wir sind dabei, ihn immer massiver zu zinken. Die Zukunft wird weitaus mehr Wetterextreme für uns bereithalten als zuvor.

Versunkene Welten

Die Temperatur der Erde hat sich also erhöht und man kann ernsthaft nicht mehr bestreiten, dass der Mensch dabei maßgeblich seine Hand im Spiel hatte. Es gibt aber noch weitere

Anzeichen für den globalen Klimawandel. Erinnern wir uns an das montierte Titelbild des *Spiegel,* das den Kölner Dom halb unter Wasser zeigte und mein Leben ziemlich durcheinander brachte. Wie sieht es denn wirklich mit dem Meeresspiegel aus? Ist er angestiegen und wenn ja, um wie viel? Auch für den Meeresspiegel gilt, dass er nur sehr langsam reagiert und die Zeitverzögerung ist sogar noch länger als bei der Temperatur. Pegelmessungen zeigen, dass der Meeresspiegel in den vergangenen hundert Jahren global um zehn bis zwanzig Zentimeter angestiegen ist. Diese Abschätzung aus Pegelmessungen ist aber recht ungenau, was an der großen Spanne zu erkennen ist. Dennoch ist sicher, dass sich der globale Meeresspiegel erhöht hat. Um einen Eindruck vom Meeresspiegelanstieg zu geben, ist in der folgenden Abbildung die aus Satellitenmessungen der letzten zehn Jahre ermittelte zeitliche Entwicklung des Meeresspiegels dargestellt.

Die Satellitenmessungen sind sehr viel genauer als die Pegelmessungen, vor allem sind sie aber flächendeckend. Der Satellit sendet elektromagnetische Radarpulse aus, die an der Meeresoberfläche reflektiert werden. Je höher der Meeresspiegel, umso kürzer ist die Zeit, bis der Satellit das reflektierte Signal empfängt. Aus den Laufzeitmessungen kann man daher sehr genau auf die Höhe des Meeresspiegels schließen. Der Meeresspiegel ist seit 1993, das Jahr, in dem mit den Messungen mit diesem speziellen Satelliten begonnen wurde, deutlich angestiegen. Er beträgt im globalen Mittel etwa 3 mm/Jahr. Rechnet man den Meeresspiegelanstieg zurück, ergäbe dies einen Wert von 30 cm für die nächsten hundert Jahre, also deutlich mehr, als die Pegelmessungen für die letzten 100 Jahre andeuten. Auch wenn der exakte Wert für den Meeresspiegelanstieg kontrovers diskutiert wird, steht fest, dass er steigt – was ebenfalls im Einklang mit einer globalen Erderwärmung steht.

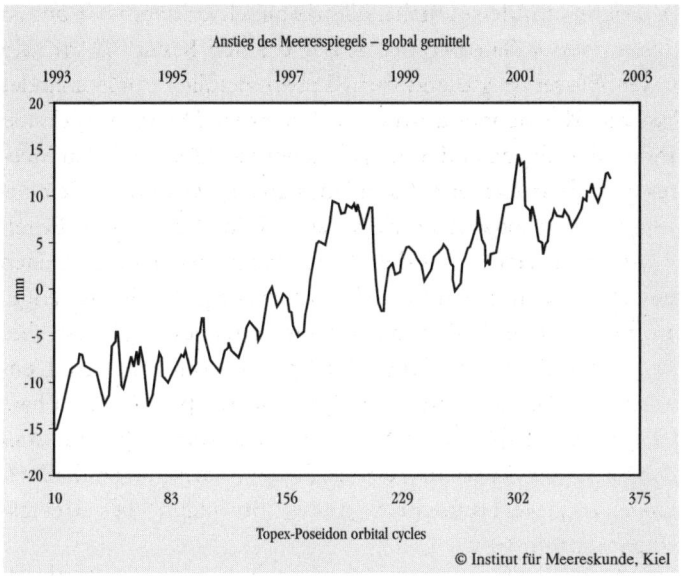

Der aus Messungen des Satelliten TOPEX/POSEIDON abgeleitete Anstieg des globalen Meeresspiegels seit 1993. Der mittlere Anstieg beträgt z. Zt. 3 mm/Jahr mit einer Unsicherheit von +/–0,1 mm.

Beim Meeresspiegelanstieg sind vor allem zwei Prozesse wichtig. Zum einen kann der Meeresspiegel durch das Abschmelzen von Landeis ansteigen, wie es beispielsweise bei den Gebirgsgletschern oder den riesigen Eisschilden in Grönland und der Antarktis passieren kann. Das Eis, das sich bereits im Meer befindet, das man auch als Meereis oder Packeis bezeichnet, lässt beim Schmelzen den Meeresspiegel nicht ansteigen. Sie kennen dies von Ihrem kühlen Drink, den Sie im Sommer genießen. Wenn die Eiswürfel in Ihrem Glas schmelzen, läuft das Glas nicht über. Man schätzt, dass im letzten Jahrhundert der Rückzug der Gebirgsgletscher knapp die Hälfte des globalen Meeresspiegelanstiegs verursacht hat. Was die großen Eisschilde dazu beigetragen haben, ist noch unklar, aber vermutlich ist ihr Beitrag dazu eher gering.

Zum anderen hat sich in den vergangenen hundert Jahren natürlich auch das Meer erwärmt. Temperaturmessungen aus verschiedenen Tiefen der Meere demonstrieren dies nur zu deutlich. Nun wissen wir, dass sich jeder Körper, der sich erwärmt, ausdehnt. Für das Meer bedeutet dies, dass sich infolge der Erwärmung auch die Wassersäule ausbreitet und damit der Meeresspiegel ansteigt. Dieser als »thermische Expansion« bekannte Prozess hat zur Hälfte zum Meeresspiegelanstieg der letzten hundert Jahre beigetragen und er wird ihn auch in den kommenden hundert Jahren maßgeblich bestimmen. Die großen Eismassen Grönlands und vor allem der Antarktis, die, wenn sie schmelzen würden, den Meeresspiegel um bis zu achtzig Meter ansteigen lassen und dann tatsächlich den Kölner Dom größtenteils unter Wasser setzen würden, reagieren nur sehr langsam. Langfristig, das heißt in einigen Jahrhunderten, kann jedoch das Abschmelzen der Polkappen zu einer ernsthaften Bedrohung werden. Ganze Landstriche würden dann vom Meer erobert werden und die Vorhersage des *Spiegel* würde sich auf tragische Weise bestätigen. Nicht nur Holland wäre dann in Not.

Extremsport für unser Wetter

Offensichtlich sprechen alle Beobachtungen dafür, dass wir uns in einer Phase der schnellen Erderwärmung befinden, an der wir nicht schuldlos sind. Es stellt sich die Frage, wie sich unser Wetter in einer wärmeren Welt verhält. In einer solchen kann erst einmal mehr Wasser verdunsten und es wird daher global betrachtet auch zu mehr Niederschlägen kommen. Dementsprechend war es während der letzten Eiszeit deutlich trockener als heute, was man anhand der im Eis von Grönland und der Antarktis gefundenen erhöhten Staubmengen nachweisen kann. Die infolge der Erderwärmung zunehmenden Niederschläge werden sich aber nicht gleichmäßig verteilen. Man wird beobachten und beobachtet schon jetzt, dass sich die Niederschläge vor allem dort intensivieren, wo es ohnehin schon beträchtliche Regenmengen gibt. In den niederschlagsarmen Subtropen scheinen die Niederschläge eher zurückzugehen. Dies stellt man auch in Europa fest: In Nordeuropa nehmen die Jahresniederschläge zu, während sie im südlichen Mittelmeerraum zurückgehen. Letzteres wird auch im Hinblick auf die Versorgung mit Trinkwasser immer mehr zu einem Problem werden. Die Reaktion des Klimas ist also in gewisser Weise ungerecht: Anstatt Unterschiede auszugleichen werden sie noch weiter verstärkt. Die großen Wüsten der Erde, die in den Subtropen liegen, werden sich vermutlich immer mehr ausdehnen; andere Regionen werden möglicherweise buchstäblich im Regen ertrinken. Auch besteht die Gefahr einer Intensivierung der Monsunregen in Indien.

Wie verhält es sich nun weiter mit den Wetterextremen, beispielsweise mit Fluten, vergleichbar der Elbeflut im Jahr 2002. Grundsätzlich kann man die Frage, ob der Mensch für ein ganz spezielles Unwetterereignis verantwortlich ist, nicht beantworten. Nehmen wir wieder den gezinkten Würfel als Beispiel. Wir werden nie sagen können, ob eine bestimmte Sechs auf das Zinken des Würfels zurückzuführen ist oder ob sie nicht ohnehin gekommen wäre. Wir können nur die Aussage treffen, dass die Sechs häufiger aufgetreten ist als die fünf anderen Zahlen. So ist es auch mit den Wetterextremen. Nur eine Veränderung ihrer »Statistik« könnte man dem Menschen zuschreiben. Allerdings ist es schwierig, eine Häufung von Wetterextremen nachzuweisen, da sie ja per Definition sehr seltene Ereignisse sind und man daher äußerst lange Datenreihen benötigt, die aber nicht verfügbar sind. Dennoch lassen sich auch bei den Wetterextremen schon Trends erkennen, wie der IPCC in seinem letzten Bericht beschreibt. So hat in den vergangenen fünfzig Jahren die Häufigkeit von Starkniederschlägen in den mittleren und hohen Breiten der Nordhalbkugel zugenommen. Wir können also in unseren Breiten immer öfter derart starke Niederschläge beobachten, wie man sie sonst eigentlich nur aus den Tropen kennt.

Als Beispiel dient uns eine Messreihe aus Deutschland, die vom Hohenpeißenberg in den bayerischen Alpen. An dieser vom Deutschen Wetterdienst (DWD) betriebenen Station werden seit 1879 Niederschläge gemessen. Niederschlagmessungen sind sehr schwierig und es gibt daher nur einige wenige solcher Messreihen.

Wir erkennen in folgender Abbildung, dass sich allmählich die Anzahl der Tage mit Starkniederschlägen über dreißig Millimeter pro Tag in einem Jahr in den letzten hundert Jahren erhöht hat. Derartige Regentage empfinden wir als außergewöhnlich und sagen, dass es »Katzen und Hunde regnet«. Gab es vor 1950 noch Jahre mit gar keinem oder nur einem Starkniederschlagsereignis pro Jahr, so sind es derzeit deutlich mehr. So

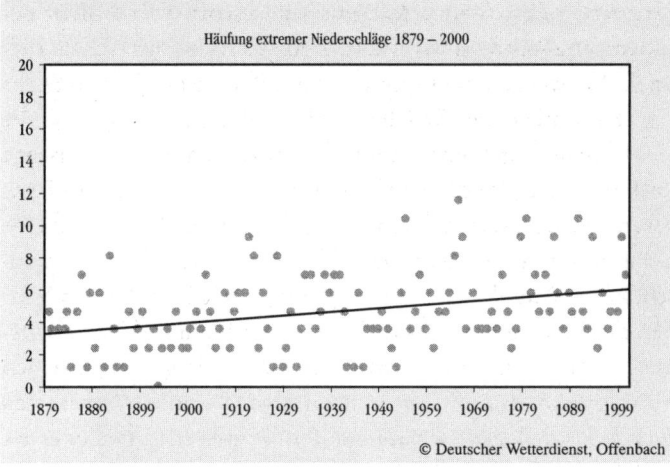

Häufung extremer Niederschläge 1879 – 2000

© Deutscher Wetterdienst, Offenbach

Zeitliche Entwicklung der Starkniederschläge an der Station Hohenpeißenberg des Deutschen Wetterdienstes (DWD) seit 1879. Starkniederschläge sind hier definiert als Ereignisse mit mehr als 30 mm/Tag.

hat sich insgesamt die Anzahl von Starkniederschlagsereignis-
sen am Hohenpeißenberg inzwischen schon verdoppelt. Dieser Trend wird auch in anderen, kürzeren Messreihen fest gestellt. Mehr Starkniederschläge bedeuten jedoch auch, dass die
Hochwassergefahr zunimmt. Es sind gerade diese Starkniederschläge, die zu den großen Überschwemmungen führen, was
uns die Oderflut und die Elbeflut nur zu deutlich vor Augen
geführt haben. Vergessen wir aber nicht die Hochwasser im
Westen und Süden Deutschlands, die in den neunziger Jahren
immer wieder auftraten. Um ein Haar hätte im Januar 1995 die
Altstadt von Köln evakuiert werden müssen, es fehlten nur wenige Zentimeter. Damit war die Rheinmetropole nach dem
Hochwasser vom Dezember 1993 innerhalb von nur dreizehn

Monaten schon zum zweiten Mal von einem »Jahrhundert-hochwasser« betroffen. Man geht inzwischen davon aus, dass heute das Hochwasserrisiko im Westen und Süden Deutschlands etwa zehnmal so hoch ist wie noch vor hundert Jahren. Dies hat nicht nur klimatische Gründe (man denke nur an die Begradigung von Flussverläufen), aber die Zunahme besonders der Winterniederschläge trägt einiges dazu bei.

Auch andere Wetterextreme haben in den vergangenen fünfzig Jahren Konjunktur gehabt. Über fast allen Landregionen registriert man immer häufiger absolute Temperaturrekorde und eine erhöhte Anzahl von heißen Tagen. Außerdem hat die Menge der schwülen Tage zugenommen. Ebenso beobachtet man über praktisch allen Landregionen höhere Nachttemperaturen, weniger kalte Tage und damit weniger Frosttage. Insgesamt ist ein reduzierter Tagesgang der Temperatur festgestellt worden, das heißt der Unterschied in der Tag- und Nachttemperatur nimmt ab. Fast alle Klimamodelle zeigen, dass sich diese Trends auch in der Zukunft fortsetzen werden, wenn die Emissionen der Treibhausgase nicht deutlich zurückgefahren werden. Es ist kein Zufall, dass sich diese Trends in den Wetterextremen beobachten lassen.

Die endlose Indizienkette

Es gibt noch weit mehr Indizien für den globalen Klimawandel. So ziehen sich die Gebirgsgletscher fast überall zurück, insbesondere in den Alpen. Vergleiche früherer Gemälde oder Abbildungen mit heutigen Fotografien sprechen hier eine eindeutige Sprache. Es gibt zwar auch wachsende Gebirgsgletscher wie beispielsweise in Westen Norwegens, aber auch diese Tatsache ist vermutlich – so seltsam das im ersten Moment klingen mag – ein Anzeichen der globalen Erwärmung. Gerade in Nordeuropa werden deshalb verstärkte Westwinde beobachtet, die zu mehr Niederschlägen an der norwegischen Westküste führen. Kurzfristig fällt dieser Niederschlag auch als Schnee. Dies ist auch der Grund, warum die Gletscher wachsen. Langfristig aber, bei weiter fortschreitender globaler Erwärmung, wird sich das ändern. Dann werden sich auch die norwegischen Gletscher zurückziehen.

Auch das arktische Packeis ist in den letzten Jahrzehnten deutlich dünner geworden und seine Ausdehnung schrumpft. Dies weiß man inzwischen aus den amerikanischen und russischen Militärarchiven, die nach dem Ende des Kalten Krieges für die Wissenschaft geöffnet wurden. U-Boote haben in der Hochphase des Kalten Krieges vor fast einem halben Jahrhundert die Eisdicken in der Arktis gemessen. Diese interessierten damals allerdings kaum einen Offizier, es sei denn zur besseren Routenplanung. Heute sind die Messungen von unschätzbarem Wert für die Wissenschaft und sie dokumentieren, wie das Eis langsam schmilzt. In der Folge geht der Salzgehalt des Meeres zurück, was durch die verstärkten Niederschläge noch unterstützt wird und eine Gefahr für den Golfstrom sein kann. Die Eismessungen werden auch zur Überprüfung von Klimamodellen herangezogen. Die Modelle simulieren den Rückzug des Packeises mit ziemlich großer Genauigkeit. Umgekehrt simulieren die Modelle ein derartiges Schmelzen auf der Südhalbkugel nicht, was sich ebenfalls durch die Messungen belegen lässt.

Man kann die Liste der Merkmale für den globalen Klimawandel noch weiter fortführen, beispielsweise auch bei den biologischen Anzeichen. So hat sich die Vegetationsperiode in den mittleren und hohen Breiten der Nordhalbkugel um knapp zwei Wochen verlängert. Einige bei uns heimische Vögel fliegen später in den Süden und kommen früher zurück; und einige Meeresbewohner, die man bis jetzt nur aus den Tropen kannte, haben ihren Weg nach Norden angetreten. Die Indizien für den durch den Menschen verursachten globalen Klimawandel sind eindeutig. Was bedeutet: Die Zeit zum Handeln ist gekommen.

Vom Wetter zum Klima, ohne Umsteigen

Das unberechenbare Wetter

Ich hatte in den letzten zwanzig Jahren des Öfteren die Gelegenheit, dem Scripps Institution of Oceanography, ein Forschungsinstitut der Universität von Kalifornien, das in La Jolla bei San Diego beheimatet ist, einen Besuch abzustatten. Das Scripps Institute ist unter Wissenschaftlern sehr gefragt, weil man dort Forscher der verschiedensten Richtungen trifft. Aber natürlich ist Südkalifornien eine Region, das möchte ich nicht verheimlichen, in der man nur zu gerne im deutschen Winter Zuflucht sucht. In La Jolla hatte ich immer wieder Gelegenheit, mit weltweit führenden Wetter- und Klimaforschern in Kontakt zu treten. Mit Edward Lorenz, ein amerikanischer Meteorologe vom Massachusetts Institute of Technology in Boston, habe ich beispielsweise ein Zimmer geteilt. Lorenz gilt heute als einer der Begründer der Chaostheorie. Auch der amerikanische Ozeanograph Charles Keeling war unter den Experten, die ich während meiner Aufenthalte in Kalifornien oft gesprochen habe. Keeling ist es zu verdanken, dass wir heute wissen, dass der CO_2-Gehalt der Atmosphäre in den letzten Jahrzehnten so stark angestiegen ist. Er war es, der in den fünfziger Jahren, gegen starke Widerstände ankämpfend, ein Kohlendioxid-Messprogramm auf dem hawaiianischen Vulkan Mauna Loa (»Long Mountain«) durchsetzte. Und schließlich habe ich auch den niederländischen Chemie-Nobelpreisträger

Paul Crutzen dort angetroffen, der maßgeblich an der Erklärung des Ozonlochs mitgearbeitet hat. In all den Gesprächen ist mir sehr schnell klar geworden, dass es keinen Sinn macht, sich das Klima unabhängig vom Wetter zu betrachten. Eine umfassende Betrachtung des gesamten Erdsystems ist notwendig, inclusive der chemischen Prozesse, wenn wir die Klimaabläufe verstehen wollen.

Warum gibt es überhaupt Wetter? Da ist zum einen die Sonne, die den Äquator stärker aufheizt als die Pole – geradezu ungerecht. Dieser Temperaturgegensatz schreit förmlich nach einem Ausgleich. Die erhitzten Luftmassen steigen in der Nähe des Äquators auf und strömen polwärts. Da sich die Erde dreht, bewegen sich die Luftmassen nicht gleichmäßig und sie erreichen auch nicht direkt die polaren Regionen. In den Subtropen sinkt die Luft schon wieder ab, eine Wolkenbildung wird dadurch erschwert, was die Bildung von Wüsten in diesen Regionen erleichtert. Aus diesem Grund finden sich hier die großen Wüsten der Erde wie die Sahara. Unter dem Einfluss der ungerechten Sonnenheizung, der Schwerkraft, die danach trachtet, Unterschiede auszugleichen, und der Erdrotation entwickelt sich ein komplexes System von Winden. In unseren Breiten gibt es ein Starkwindband in etwa fünf Kilometer Höhe, das man als »Jetstream« bezeichnet. Er ist so etwas wie eine Autobahn, auf der die Tiefdruckgebiete ostwärts brausen. Diese entwickeln sich meist weit draußen auf dem Atlantik, wo sich kalte und warme Luftmassen verwirbeln. Die Tiefs haben nur die eine Aufgabe, nämlich den Temperaturunterschied zwischen den hohen und den niedrigen Breiten zu mildern. Tiefs schaukeln auf ihrer Vorderseite warme tropische Luft weit nach Norden und auf ihrer Rückseite kalte polare Luft nach Süden und tragen auf diese Weise zum Temperaturausgleich bei. Ohne sie wäre der Temperaturunterschied noch viel größer. Ihre Bemühungen sind aber oft aussichtslos, denn die Sonne kennt kein Pardon. Sie erhält durch ihr ungerechtes Verhalten den Temperaturgegensatz zwischen den Polen und dem Äquator aufrecht. Die Entwicklung von Tiefs ist daher eine völlig normale Angelegenheit. Wir hier in Deutschland liegen in der Einflugschneise dieser Tiefs. Der Jahrhundertsommer von 2003 gehört eigentlich nicht in diese Region und sollte eine Ausnahme sein.

Das Wetter ist in der Wissenschaft das Sinnbild für Chaos. Edward Lorenz wollte Anfang der sechziger Jahre ursprünglich das Phänomen der »Konvektion« untersuchen, etwas, das wir alle kennen und das beispielsweise bei der Wolkenbildung eine wichtige Funktion hat. Im Labor entsteht Konvektion, wenn eine zwischen zwei Platten befindliche Flüssigkeit von unten beheizt wird. Ab einem bestimmten Schwellenwert der Temperaturdifferenz zwischen den beiden Platten setzt zunächst eine geordnete Bewegung ein, die man als so genanntes Rollen bezeichnet. Man spricht in diesem Fall davon, dass die Konvektion einsetzt. Wir können dieses Einsetzen im Sommer beobachten, wenn bei schönem Wetter, infolge der Aufheizung des Erdbodens durch die Sonne, die Luft aufsteigt und sich Wolken bilden. Heizt man nun die untere Platte stärker, entstehen weitere Formen geordneter Bewegung, die sich überlagern, bis das System in einen Zustand der kompletten Unordnung übergeht, den wir Chaos nennen. Lorenz entwickelte ein mathematisches Modell für die Konvektion. Viele Eigenschaften des Lorenz-Modells gelten aber auch für das Wetter, weshalb es heute als *das* konzeptuelle Modell Gültigkeit für das chaotische Wetter besitzt. So simuliert das Lorenz-Modell »Regime-Verhalten«, das heißt, es zeigt, dass ein System gerne in bestimmten Zuständen verharrt. Diese Eigenschaft findet sich auch beim Wetter wieder. Wir alle kennen lang anhaltende Westwindlagen, wenn es also wochenlang bei uns stürmt und regnet. Umgekehrt existiert auch die entgegengesetzte Wetterlage, wenn ein stabiles Hoch über uns sitzt und ruhiges und sonniges Wetter vorherrscht. Die Übergänge zwischen solchen Wetter-Regimen erfolgen im Modell wie auch in der Wirklichkeit spontan und sie sind nur schwer vorhersagbar.

Lorenz studierte die Eigenschaften seines mathematischen Modells und fand eine erstaunliche, die als »Schmetterlingseffekt« bezeichnet wurde. Er führte zunächst eine typische Rechnung mit seinem Modell durch. Diese lieferte ihm einen bestimmten zeitlichen Verlauf der Modellvariablen. Auf das Wetter übertragen heißt dies, dass ein bestimmter Wetterablauf simuliert wurde, wie etwa eine bestimmte zeitliche Abfolge von Hoch- und Tiefdruckgebieten. Anschließend wiederholte Lorenz die Rechnung, wobei er allerdings den Anfangszustand, von dem aus das Modell gestartet wurde, leicht variierte. Er tat dies nicht aus einem bestimmten Grund heraus, sondern weil er es sich ersparen wollte, alle Zahlen bis auf die letzte Kommastelle einzugeben. Das verblüffende Resultat war, dass sich zwar zunächst die Wetterabläufe glichen, später aber, nach einer bestimmten Zeit, die Entwicklungen des Wetters in den beiden Rechnungen nicht mehr vergleichbar waren, voneinander abwichen. Lorenz konnte sogar zeigen, dass eine beliebig kleine Abweichung in den Anfangszuständen innerhalb relativ kurzer Zeit zu einer grundlegenden Veränderung der Wetterabläufe führte. Dies bedeutet, dass anfänglich recht ähnliche Wettersituationen sehr schnell auseinander driften können. Man kann auch sagen, bildlich gesprochen, dass der Flügelschlag eines Schmetterlings – sicherlich eine kleine Störung in Bezug auf das weltweite Wetter – ausreicht, um den zukünftigen Ablauf des Wetters zu beeinflussen. Das Wetter ist also mithin »unbere-

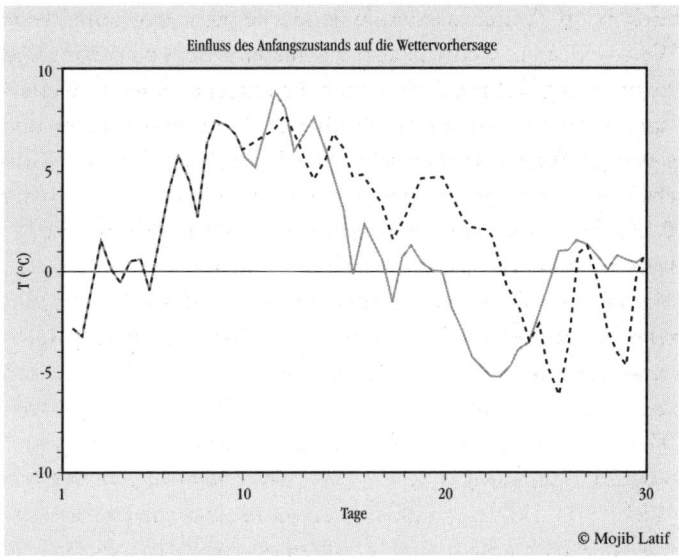

Entwicklung der Januar-Temperatur in Hamburg in zwei Berechnungen mit einem Wettervorhersagemodell, die sich nur durch eine sehr kleine Störung in den Anfangsbedingungen über Amazonien unterscheiden.

chenbar«, wenn es um längere Zeiträume geht. Wir wiederholen an dieser Stelle die Lorenz'schen Berechnungen mit einem komplexen Wettervorhersagemodell, das am Europäischen Zentrum für mittelfristige Wettervorhersagen im englischen Reading entwickelt worden ist. So wie Lorenz führen auch wir zwei Berechnungen durch, wobei sich diese nur in den Anfangsbedingungen unterscheiden. Um den Flügelschlag eines Schmetterlings zu simulieren, führen wir eine extrem kleine Luftdruckstörung über dem Amazonas in Südamerika ein, und zwar an einem einzigen Punkt des Modellrechengitters. Computermodelle sind auf einem den Erdball umspannenden Rechengitter formuliert, um eine Lösung komplizierter mathematischer Gleichungen zu ermöglichen. Das hier verwendete Wettervorhersagemodell hat viele Hunderttausende solcher Gitterpunkte. Ansonsten sind die Luftdruckverhältnisse am Beginn der beiden Berechnungen identisch wie auch die dreidimensionale Temperatur- und Windverteilung (nebst all den anderen Größen).

Auch in unseren beiden Simulationen sehen wir, dass sich die Wetterabläufe zwar zunächst ähnlich entwickeln, sich dann aber nach einigen Tagen komplett anders darstellen. Dies ist in der Abbildung auf Seite 39 anhand der bodennahen Lufttemperatur in Hamburg dargestellt. Nach etwa zehn Tagen divergieren die beiden Temperaturkurven deutlich. Die Lorenz'schen Ergebnisse sind damit auch bei Verwendung sehr komplexer Modelle nachvollziehbar. Für Wettervorhersagen bedeutet dies, dass sie prinzipiell limitiert sind. Wir können das Wetter nur einige Tage im Voraus berechnen, die theoretische Grenze liegt bei etwa zehn bis vierzehn Tagen.

Eine Wettervorhersage wird derart gemacht, dass man das momentane Wetter, den so genannten Anfangszustand, ermittelt, in sein Modell eingibt und dann mit dem Modell die Vorhersage rechnet. Selbst wenn das Wettervorhersagemodell perfekt wäre, was es nicht ist, wird sich die Prognose mit zunehmendem Vorhersagezeitraum immer mehr verschlechtern, da wir den Anfangszustand nicht exakt kennen. So reicht schon ein kleinster Fehler in der Bestimmung des bodennahen Druckfeldes über Amazonien von einem Tausendstel Millibar oder ein Temperaturfehler von einem Tausendstel Grad, um die Prognose nach mehreren Tagen wertlos zu machen. Anfängliche Fehler wachsen also rasch an und jede Vorhersage verschlechtert sich innerhalb recht kurzer Zeit. Da wir niemals in der Lage sein werden, den momentanen Zustand der Atmosphäre wirklich exakt und flächendeckend zu bestimmen, noch jemals völlig korrekte Wettervorhersagemodelle entwickeln werden, wird es längerfristige Wetterprognosen, die über zwei Wochen hinausgehen, auch in ferner Zukunft nicht geben.

Das Chaos hat System

Wieso ist es dann möglich, dass Vorhersagen zum globalen Wandel gemacht werden, die sich auf die nächsten Jahrzehnte, zum Teil sogar auf die kommenden Jahrhunderte beziehen? Sind etwa alle Klimaforscher Scharlatane, die sich mit der Entwicklung des zukünftigen Klimas beschäftigen? Um diesen scheinbaren Widerspruch aufzulösen, müssen wir uns zunächst mit dem Begriff »Klima« auseinander setzen. Einer meiner Kollegen am Max-Planck-Institut für Meteorologie in Hamburg sagte einmal, zum Unterschied zwischen Wetter und Klima befragt: »Klima ist das, was man erwartet und Wetter das, was man bekommt.« Es gibt offenbar einen wichtigen Unterschied zwischen Wetter und Klima. Als Wetter bezeichnet man den aktuellen Zustand der Atmosphäre, also beispielsweise den Zustand am 24. Dezember 2003 um 12.00 Uhr. Der Begriff Klima beschreibt das gemittelte Wetter über einen bestimmten Zeitraum, wobei dieser im Vergleich zum theoretischen Limit der Wettervorhersage sehr viel länger sein muss. Normalerweise wird Klima über einen dreißigjährigen Bezugszeitraum definiert. Eine typische Klimagröße ist beispielsweise die mittlere Januar-Temperatur in Hamburg für den Zeitraum von 1970 bis 2000. Die Klimaforschung befasst sich also nicht mit individuellen Wetterphänomenen, etwa einem speziellen Tiefdruckgebiet, sondern mit Fragen, die längere Zeiträume betreffen. Um bei unserem Beispiel zu bleiben, beschäftigt sich der Klimaforscher mit der Statistik der Tiefdruckgebiete zwischen 1970 und 2000. Dabei kann er sich mit der mittleren Anzahl von Tiefs beschäftigen oder aber auch mit ihrer mittleren Zugbahn. Im Hinblick auf den globalen Klimawandel wird dann gefragt, ob und wie sich die Statistik von Tiefdruckgebieten verändert. Oder ob wir möglicherweise mehr Sturmtiefs (Orkane) erwarten können und ob sie stärker werden. Oder wie sich die Jahresniederschläge verändern oder die Wahrscheinlichkeit des Auftretens von Starkniederschlägen in bestimmten Regionen zunimmt. Eine Klimavorhersage wird daher niemals das Wetter an einem bestimmten Tag, beispielsweise am 24. Dezember 2020, prophezeien. In der Klimaforschung ist der Blick auf langfristige Tendenzen gerichtet, also nicht auf einzelne Ereignisse.

Wir sind also beim Klima immer an bestimmten »makroskopischen« Eigenschaften der Atmosphäre interessiert, nicht an ihren »mikroskopischen«. Wenn wir Beispiele aus anderen Wissensbereichen suchen, fällt einem immer wieder der Würfel ein. Der Klimaforscher interessiert sich, im übertragenen Sinne, für die Wahrscheinlichkeiten der einzelnen gewürfelten Zahlen. Wir sind also nicht an jeder einzelnen Zahl interessiert, sondern nur an ihrer Wahrscheinlichkeit, gewürfelt zu werden. Nun weiß jeder, dass die Wahrscheinlichkeit für jede Zahl auf dem Würfel die gleiche ist, nämlich ein Sechstel. Es lässt sich also die Vorhersage treffen, dass alle Zahlen gleich häufig auftreten – wenn man nur oft genug würfelt. Wir können dabei aber nicht die Reihenfolge der Zahlen prognostizieren. Ähnliches gilt, wenn der Würfel – wir kennen das schon – auf Sechs gezinkt ist. Wir wissen nur, dass die Sechs häufiger kommen wird, wir wissen aber nicht, was der nächste Wurf tatsächlich bringt. Den einzelnen Wurf kann man nun mit einem Wetterphänomen gleichsetzen, die Wahrscheinlichkeit des Auftretens einer bestimmten Zahl mit einem Klimaparameter. Ähnliche Überlegungen gelten im Übrigen auch für das Roulette, und das ist der Grund dafür, dass ein Kasinobesitzer niemals Pleite gehen kann. Er weiß, das er unterm Strich gewinnen muss, weil er die Wahrscheinlichkeiten für jede Zahl genau kennt. Der Kasinobetreiber macht selbst dann Geschäfte, wenn nur auf Schwarz oder Rot gesetzt wird, weil die beiden Farben eben mit einer etwas kleineren Wahrscheinlichkeit als fünfzig Prozent kommen. Makroskopische Eigenschaften eines Systems können also unter Umständen vorhersagt werden, selbst wenn dies bei den mikroskopischen nicht gelingt. Dieses Prinzip ist schon seit vielen Jahrzehnten aus der theoretischen Physik bekannt.

Ein anderes Beispiel ist der Ausgang einer Wahl. Heutzutage sind die Ergebnisse von Landtags- oder Bundestagswahlen durchaus mit einigem Erfolg zu prognostizieren. Wenn etwa eine Partei kurz vor der Wahl in einen Skandal verwickelt ist oder ein unpopuläres Gesetz verabschiedet hat, dann sinken folglich ihre Chancen bei der Wahl. Der Wahlausgang wird unter Berücksichtigung weiterer Informationen mit mathematischen Modellen vorhersagbar. Wir wissen zwar nicht, wie jeder einzelne Mensch wählen wird, trotzdem ist eine Prognose möglich. Die Erfahrung hat gezeigt, dass ganz besondere Umstände eine Wahl entscheiden können. Ähnlich verhält es sich mit dem Klima. Es ist unter bestimmten Bedingungen vorhersagbar. Natürlich werden Sie mich auslachen, wenn ich voraussage, dass der kommende Winter bei uns in Deutschland kälter sein wird als der vorhergehende Sommer. Dennoch ist dies eine Klimavorhersage, wenngleich eine augenscheinlich triviale. Woran liegt es aber, dass jeder Einzelne von uns diese Vorhersage machen kann? Die Jahreszeiten werden, wie wir wissen, von astronomischen Faktoren bestimmt. In der Sprache der Mathematik bezeichnet man die astronomischen Faktoren für die Atmosphäre als »Randbedingungen«. Bei Kenntnis der Randbedingungen sind die Eigenschaften chaotischer Systeme, wie die des Wetters, in definitiven Situationen vorhersagbar. In Südkalifornien beispielsweise kann man das Auftreten des alljährlichen Küstennebels im Juni ankündigen, wovon ich mich bei meinen vielen Forschungsaufenthalten in La Jolla überzeugen konnte. Dort spricht man auch von »June gloom«, vom eingehüllten Juni. Ein anderes Beispiel sind die tropischen Wirbelstürme. Über dem Atlantik nennt man sie Hurrikane, über dem Indischen Ozean und dem Pazifik Taifune. Die Hurrikane und Taifune entstehen auf der Nordhalbkugel im Sommer und Herbst, weil sich dann das Wasser in den Entstehungsgebieten auf über 26,5 Grad erwärmt. Unterhalb dieser Temperatur können sich keine Wirbelstürme bilden, da sonst nicht genügend Wasser verdunsten würde, welches letzten Endes den Treibstoff für diese Monsterstürme liefert. Wir können uns darauf verlassen, dass sich jedes Jahr etwa zehn bis zwanzig Wirbelstürme in der zweiten Jahreshälfte entwickeln. In der ersten Jahreshälfte sind wir aber vor ihnen sicher. Wir können also vorhersagen, dass sich diese Stürme nur in bestimmten Jahreszeiten bilden und unsere Urlaubspläne entsprechend ausrichten. Es ist heute sogar möglich, die Anzahl der auftretenden Wirbelstürme zu prognostizieren. Wir wissen aber nicht, an welchen Tagen sie sich formieren werden und welchen Weg jeder Einzelne von ihnen einschlagen wird. Auch hier können wir wieder den typischen Unterschied zwischen Wetter- und Klimavorhersage erkennen. Wenn wir genau wissen wollen, ob und wann sich ein Hurrikan der Ostküste der USA nähert, dann ist dies nur ein paar Tage im Voraus möglich, weil es sich hierbei um eine Wetterprognose handelt. Wenn wir aber im Frühling wissen möchten, ob wir im Sommer oder im Herbst eher mit mehr oder mit weniger Hurrikanen zu rechnen haben, dann bekommen wir es mit einer typischen Klimavorhersage zu tun.

Die Vorhersagbarkeit des Klimas lässt sich noch an einem anderen Beispiel veranschaulichen, das ich von Edward Lorenz habe. Mit seinem einfachen mathematischen Modell konnte er ja einige fundamentale Zusammenhänge zwischen Wetter und Klima erläutern. Wie schon gesagt, führen Unterschiede in den Anfangsbedingungen aufgrund des chaotischen Charakters der Atmosphäre innerhalb einiger Tage zu voneinander abweichenden Wetterverläufen. Man braucht dazu nur eine Reihe solcher Simulationen mit unterschiedlichen Anfangsbedingungen. In der folgenden Abbildung auf Seite 46 ist der Luftdruck dargestellt, über dem äquatorialen Ostpazifik, dort, wo die Galapagosinseln liegen.

Wie erwartet entwickeln sich die fünf Simulationen recht unterschiedlich. Ein zweiter Blick offenbart allerdings ein interessantes Ergebnis. Wenn man die fünf Simulationen über alle dreißig Tage mittelt, also einen Monatsmittelwert berechnet, dann zeigen diese, dass sie alle unterhalb der Nulllinie liegen. In sämtlichen fünf Simulationen wird also ein anomal niedriger Luftdruck für den ins Auge gefassten Monat vorgegeben. Der betrachtete Monat ist der Dezember 1982, in dem die Meeresoberflächentemperatur im äquatorialen Ostpazifik infolge eines »El Niño-Ereignisses« (S. 57) mehrere Grade über der langjährigen Durchschnittstemperatur lag. El Niño-Phänomene treten im Mittel ungefähr alle vier Jahre auf, äußern sich in relativ hohen Meerestemperaturen im Ostpazifik und beeinflussen das Klima auf dem gesamten Globus. Wir haben die mit dem El Niño-Ereignis einhergehende anomal hohe

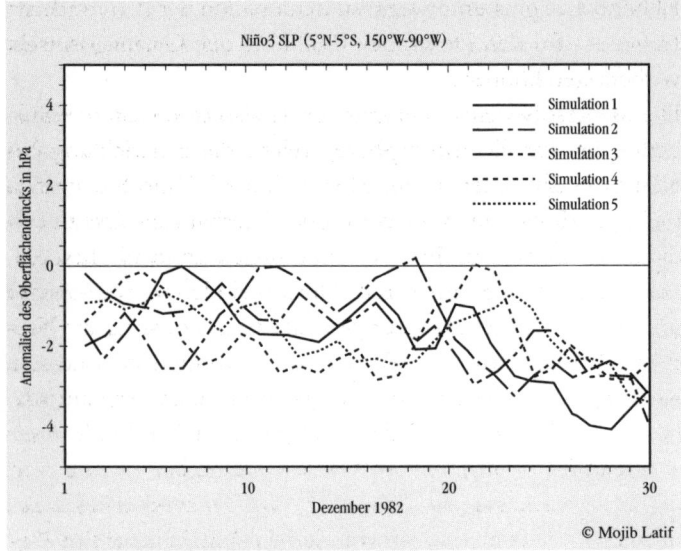

Niño3 SLP (5°N-5°S, 150°W-90°W)

© Mojib Latif

Entwicklung des Oberflächendrucks (als Abweichung vom langjährigen Mittelwert dargestellt) in der Nähe der Galapagosinseln in vier Simulationen mit einem Wettervorhersagemodell mit unterschiedlichen Anfangsbedingungen.

Meerestemperatur als Randbedingung in unseren fünf gezeigten Simulationen vorgegeben. Mit dem Resultat, dass offensichtlich der Monatsmittelwert des Luftdrucks weitgehend bestimmt ist. Dennoch ist das Wetterchaos nicht aufgehoben, denn wir haben nach wie vor eine Empfindlichkeit gegenüber den Anfangsbedingungen. Aber selbst wenn die Veränderungen von Tag zu Tag in den fünf Simulationen immer noch recht unterschiedlich sind, der Monatsmittelwert jedoch ist es nicht. Das Chaos hat also System. Hätten wir gewusst, dass ein

El Niño-Ereignis unterwegs ist, dann hätten wir den mittleren Luftdruck für den Dezember 1982 über den Galapagosinseln vorhersagen können.

Die Meeresoberflächentemperatur ist also eine weitere Randbedingung für die Atmosphäre, welche die Entwicklung des Klimas beeinflussen kann. Heute sind El Niño-Situationen mehrere Monate im Voraus prognostizierbar und damit auch die durch sie verursachten Veränderungen im tropischen Klima, wie etwa lang anhaltende Dürreperioden in Südostasien und Teilen Australiens oder sintflutartige, wochenlange Niederschläge in Peru. Ich selber habe zusammen mit meinem Kollegen Tim Barnett vom Scripps Institute an der Entwicklung dieser Vorhersagemodelle mitgearbeitet. Wir beide überzeugten uns davon, dass das Klima vorhersagbar ist, dass man die Wettervorhersagemodelle auch für Klimavorhersagen benutzen kann, wenn man sie mit den entsprechenden Randbedingungen füttert.

Aber zurück zum globalen Klimawandel. Der Mensch ändert durch den Ausstoß bestimmter Gase, vor allem von Kohlendioxid, die chemische Zusammensetzung der Atmosphäre. Er modifiziert dadurch eine Randbedingung, die einen wichtigen Einfluss auf das Klima hat. Entscheidend ist dabei die Feststellung, dass man durchaus Klimavorhersagen für längere Zeiträume berechnen kann, wenn sich bestimmte Randbedingungen abwandeln. Der chaotische Charakter des Wetters und seine limitierte Vorhersagbarkeit schließen also längerfristige Klimaprognosen keineswegs aus. Insofern ist auch der menschliche Faktor auf das Klima berechenbar.

Der Tanz um die Sonne – von Jahreszeiten und Eiszeiten

Es gibt eine Fülle von natürlichen Prozessen, die auf das Klima einwirken und es verändern. Diese natürlichen Klimaschwankungen erschweren es, den menschlichen Einfluss auf das Klima zu erkennen. Wenn wir eine bestimmte Abwandlung beobachten, wissen wir zunächst nicht, ob wir Menschen für diese verantwortlich sind oder ob sie ohnehin passiert wäre. Die Klimageschichte der Erde gleicht einer Achterbahnfahrt; sie war und ist vielen Schwankungen auf den verschiedensten Zeitskalen unterworfen. Prominent geworden sind die Eiszeiten, bei denen große Regionen mit kilometerdickem Eis bedeckt waren und der Meeresspiegel um sechzig bis hundert Meter niedriger war als heute.

Klimaänderungen können einerseits von außen angestoßen werden, durch Veränderungen in der Sonnenstrahlung oder durch Vulkanausbrüche, die unsere Erde mit einem Grauschleier bedecken, wodurch sie sich ein bis zwei Jahre lang etwas abkühlt. Auch starke Meteoriteneinschläge können unser Klima prägen. Letztere haben vermutlich in der Erdgeschichte zu vernichtenden Klimawandlungen geführt, die wahrscheinlich auch für das Aussterben der Dinosaurier vor Millionen von Jahren verantwortlich waren. Zunächst setzen sie die Erde in Flammen, um dann durch den entstandenen Staub einen viele Jahre anhaltenden Winter einzuleiten. Tendenziell sind wir aber vor Meteoriteneinschlägen geschützt, weil der Planet Jupiter mit seiner großen Masse und der daraus resultierenden Schwerkraft wie ein Staubsauger wirkt, der die meisten »feindlichen Attacken« von uns fern hält.

Andererseits können Klimaumschwünge auch ohne äußeren

Anstoß durch Wechselwirkungen der Atmosphäre mit den anderen Komponenten des Erdsystems – Ozeane, Eis und Biosphäre – entstehen, wobei insbesondere die Wechselwirkung zwischen den Ozeanen und der Erdatmosphäre für eine Vielzahl von Phänomenen (beispielsweise die El Niño-Ereignisse) verantwortlich ist.

Die Erde umkreist die Sonne mit großer Regelmäßigkeit, nämlich einmal im Jahr. Die Gestirne in unserem Sonnensystem veranlassen dabei die Erde, im Laufe der Jahrtausende regelrecht um die Sonne zu tanzen. Mal ändert sich die Bahn selbst, mal neigt sich die Erde weniger oder stärker zur Sonne hin. Derartige Bewegungen kennt man von einem Kreisel, mit dem Kinder gerne spielen. Ein Kreisel führt die verschiedensten Drehungen aus, die Ähnlichkeiten mit Tänzen haben. Mathematik- und Physikstudenten lernen schon früh die Kreiselbewegungen zu berechnen. Damals, als ist studierte, hätte ich nie gedacht, wie wichtig das Wissen um die Kreiseldrehungen einmal für mich werden sollte. Denn es sind die Kreiselbewegungen der Erde, die die Eiszeiten anregen und somit einen entscheidenden Anteil an den regelmäßigen Klimawechseln haben.

Jahreszeiten treten auf, wenn ein Planet eine von zwei Bedingungen erfüllt. Entweder muss die Umlaufbahn des Planeten um die Sonne ellipsenförmig, also nicht kreisförmig sein, sodass sich die Entfernung des Planeten von der Sonne während eines Jahres verändert. Oder aber die Rotationsachse, um die sich der Planet dreht, muss relativ zur Bahnebene geneigt sein. In einer elliptischen Umlaufbahn herrscht folglich Sommer, wenn der Planet der Sonne am nächsten ist. Der Winter kommt, wenn er am weitesten von der Sonne entfernt ist, falls seine Rotationsachse senkrecht zur Bahnebene, dementsprechend nicht geneigt ist und damit aufrecht steht. Noch komplizierter wird es, wenn die Drehachse des Planeten, wie bei un-

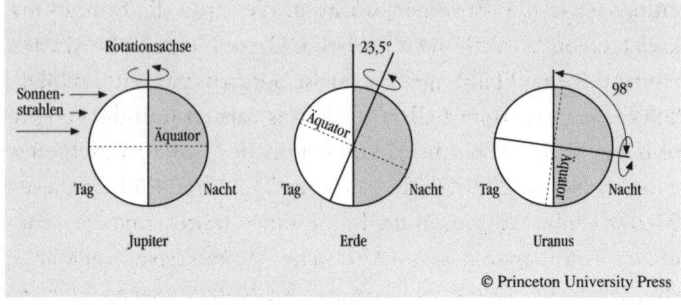

Die unterschiedliche Neigung der Rotationsachse eines Planeten führt zu grundlegend verschiedenen Klimaten. Gezeigt sind hier die Verhältnisse für die Planeten Jupiter, Erde und Uranus.

serer Erde, geneigt ist. Um uns dies zu verdeutlichen, betrachten wir den Planeten Uranus, der eine sehr starke Neigung der Rotationsachse von 98 Grad aufweist. Wenn Uranus der Sonne am nächsten ist, empfängt die eine Halbkugel Sonne und es ist dort Sommer. Zur selben Zeit liegt die andere Halbkugel komplett im Dunkeln und es herrscht dort Winter. Wenn Uranus von der Sonne am weitesten entfernt ist, dann kehren sich die Verhältnisse um.

Betrachten wir nun Jupiter, der fast senkrecht (aufrecht) zur Bahnebene steht, weil seine Rotationsachse nur um etwa drei Grad geneigt ist. Auf dem Jupiter ist die Sonnenstrahlung am intensivsten am Äquator, sodass der Äquator am stärksten und die Pole am wenigsten aufgeheizt werden. Zwar verändert sich bei seiner Reise um die Sonne der Abstand Jupiters von der Sonne, schon wegen seiner elliptischen Bahn, der Äquator jedoch erhält stets die größte Strahlung, die Pole die geringste. Die Verhältnisse auf der Erde sind nun wieder anders. Die Rotationsachse der Erde hat, während die Erde die Sonne umkreist, einen Winkel von 23,5 Grad. Diese Neigung begünstigt zuerst die eine Halbkugel mit mehr Sonnenstrahlung, schließlich die andere. Innerhalb eines Jahres variiert nun die geographische Breite, die am stärksten von der Sonne beschienen wird, zwischen 23,5 Grad Nord und 23,5 Grad Süd. In diesen Breiten steht die Sonne im Laufe eines Jahres mittags senkrecht. Sie, die man auch als tropische Wendekreise bezeichnet, sind wiederum durch die Neigung der Rotationsachse der Erde bestimmt. Die Sonne ist am nördlichsten am 21. Juni, wenn nördlich von 66,5 Grad die Mitternachtssonne zu beobachten ist und am Südpol die Sonne erst gar nicht aufgeht, dort also finsterste Polarnacht herrscht. Am 21. Dezember kehren sich die Verhältnisse um. Und am 20. März und 22. September steht die Sonne genau über dem Äquator, sodass beide Halbkugeln die gleiche Sonnenstrahlung empfangen.

Die Neigung der Rotationsachse eines Planeten hat also einen starken Einfluss auf sein Klima. Je größer die Neigung, umso mehr Sonnenstrahlung erhalten die Pole im Sommer. Momentan neigt sich die Erdachse derart, dass die Kälte an den Polen ausreicht, um sie permanent mit Eis bedecken zu können. Wenn die Neigung der Erdachse jedoch größer wäre, dann würden die Pole im Sommer mehr Sonnenstrahlung erhalten, sodass sich die Polkappen vermutlich zurückziehen würden. Umgekehrt würde eine Verringerung der Neigung der Erdachse ein Anwachsen der polaren Eisschilde zur Folge haben. Nun ist es so, dass sich im Laufe der Jahrtausende die Neigung der Erdachse ändert: Mit einer Periode von etwa 41 000 Jahren oszilliert sie zwischen etwa 22 Grad und 24,5 Grad. Diese »Nutation« ist einer der Faktoren, die zu langsamen Veränderungen in der Verteilung der Sonnenstrahlung auf der Erde führen und damit zu Klimaschwankungen, aber auf einer Zeitskala von Jahrtausenden. Die Eiszeiten erklären sich teilweise dadurch. Wir können aber froh darüber sein, dass die Neigung der Erdachse nur relativ wenig schwankt. Es ist der Mond, der mit seiner Anziehung die Neigung der Erdachse stabilisiert. Die vergleichsweise kleinen Schwankungen in der Neigung reichen zwar aus, um prominente Klimaveränderungen auszulösen, wesentlich größere Schwankungen wären aber verheerend, wie uns dies das Beispiel des Planeten Uranus verdeutlicht.

Ein weiterer Faktor für lange periodische Schwankungen des Klimas ist die wiederkehrende Modifikation der Form der Erdbahn um die Sonne. Innerhalb eines Zeitraums von 100 000 Jahren wandelt sich die Erdbahn um die Sonne von einer Ellipse annähernd zu einem Kreis und schließlich wieder zurück zu einer Ellipse. Dieser Prozess wird als »Exzentrizität« bezeichnet. Wenn die Erdbahn tendenziell kreisförmig ist, dann ist der Abstand der Erde von der Sonne konstant, ebenso die auf die Erde einfallende Sonnenstrahlung während eines Jahres, Schwankungen setzen nur ein, wenn die Erdbahn elliptisch ist. Ein dritter Faktor, der die Verteilung der Sonnenstrahlung auf der Erde variiert, hat mit der Form der Erde an sich zu tun. Die Erde ist keine perfekte Kugel, sie hat einen deutlichen Bauch am Äquator. Aus diesem Grund und wegen der Neigung der Erdachse bewirken Sonne und Mond, dass unsere Erde förmlich taumelt. Die Orientierung der Erdachse im Raum beschreibt einen Kreis, die Neigung der Erdachse ist davon aber nicht betroffen. Dieser als »Präzession« bekannte Prozess mit einer Periode von etwa 22 000 Jahren bestimmt, wo auf der Erdbahn Sommer und Winter sind. Wäre die Erdbahn ein Kreis, hätte die Präzession keine klimatologische Relevanz. Die Erdbahn ist aber eine Ellipse und deswegen ist die Erde momentan der Sonne im Januar am nächsten – vor 11 000 Jahren aber waren wir dies im Juli.

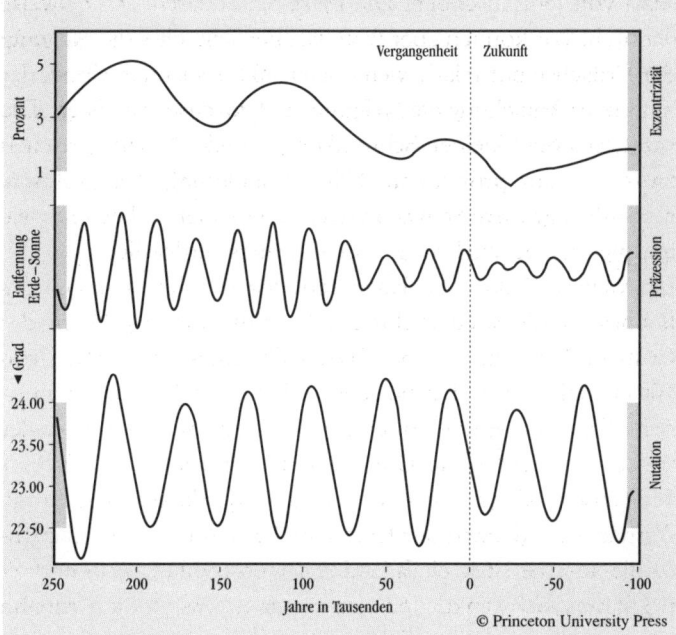

Der Einfluss der Sonne und anderer Planeten führt zu Veränderungen in den Erdbahnparametern, die mit Newtons Gesetzen der Himmelsmechanik berechnet werden können und als Erklärung für das Entstehen und Verschwinden von Eiszeiten gelten. Die Änderungen der Exzentrizität, der Präzession und der Nutation sind als Funktionen der Zeit für die letzten 250 000 Jahre und die kommenden 100 000 Jahre dargestellt.

Das irdische Klima unterliegt also durch die einfallende Sonnenstrahlung periodischen Schwankungen. Man spricht in diesem Zusammenhang von den »Variationen der Erdbahnparameter« (siehe dazu auch obige Abbildung). Diese können die auf die Erde einfallende global gemittelte Sonnenstrahlung beeinflussen, wie bei der Exzentrizität, aber auch ihre regionale beziehungsweise jahreszeitliche Verteilung, etwa bei der Nutation und der Präzession. Die Variationen der Erdbahnparameter sind ganz wichtig für das Entstehen von Eis- und Warmzeiten. Aber auch andere Phänomene sind durch diese astronomischen Faktoren zu erklären. Da ist zum Beispiel die Sahara, die vor etlichen tausend Jahren eine üppige Vegetation aufwies und viele Säugetiere beherbergte. Heute weiß man, dass die Sahara als Folge der Präzession, also einer langsam abnehmenden Sonneneinstrahlung im Sommer vor ungefähr 6000 Jahren zu einer Wüste wurde.

Man findet die von dem serbischen Astrophysiker Milutin Milankovitch schon vor vielen Jahrzehnten postulierten Perioden von 100 000, 41 000 und 22 000 Jahren in den Rekonstruktionen des vergangenen Klimas wieder. Diese werden auf vielfältige Weisen durchgeführt. In der nun folgenden Abbildung sind Rekonstruktionen dargestellt, die auf Bohrungen im antarktischen Eis basieren. Die großen Eisschilde sind so etwas wie Klimaarchive der Erde, die das Klima über Jahrhunderttausende aufzeichnen. Aus diesem Grund kann man die im Eis enthaltenen Luftbläschen analysieren und beispielsweise den Gehalt von Spurengasen ermitteln. Man kann aber auch über Messungen von Sauerstoffisotopen auf das globale Eisvolumen und damit auf die Temperatur schließen. In der Abbildung fallen vor allem zwei Dinge auf. Erstens ist der mit der Exzentrizität verbundene Hunderttausend-Jahre-Zyklus in den Klima-Rekonstruktionen dominant, obwohl er es wiederum bei der variablen Sonnenstrahlung nicht ist. Zweitens sieht man eine erstaunliche Parallelität der zeitlichen Verläufe von Temperatur und Kohlendioxid (sowie anderer Spurengase, die hier nicht gezeigt sind). Obwohl diese beiden Beobachtungen noch nicht komplett verstanden sind, lassen sich bereits schon jetzt wichtige Schlussfol-

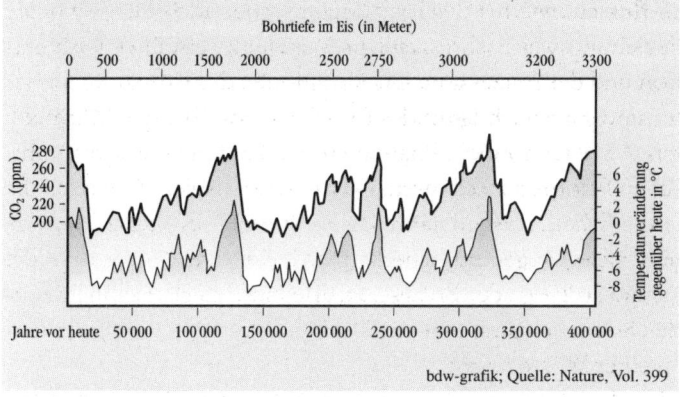

Rekonstruktion der Temperatur und des Kohlendioxidgehalts der Atmosphäre aus dem antarktischen Vostock-Eisbohrkern für die letzten 400 000 Jahre.

gerungen ziehen. Erstens: Es gibt auch ohne den Menschen massive klimatische Veränderungen, man denke nur an die Eiszeitzyklen. Diese verlaufen aber auf Zeitskalen von Jahrtausenden. Zweitens: Das Klima reagiert sehr empfindlich auf vergleichsweise kleine Störungen. Zugleich führen aber die Variationen der Erdbahnparameter zu relativ kleinen Veränderungen der Sonnenstrahlung. Die Exzentrizität beispielsweise geht mit einer Veränderung der auf die Erde global gemittelten einfallenden Sonnenstrahlung von nur 0,7 W/m^2 einher (was »Watt pro Quadratmeter« bedeutet; damit wird ermittelt, wie wichtig ein spezieller Antrieb ist). Diese Störung ist deutlich kleiner als die heutige Störung der Strahlungsbilanz durch den Menschen. Also muss es daher drittens verstärkende Prozesse geben. Einer dieser Prozesse ist die simultane Änderung in der Konzentration der Spurengase. Die Spurengase haben eine herausragende Rolle für das irdische Klima. Wie wir der Abbildung auf Seite 55 entnehmen können, war es auf der Erde kalt, wenn sich nur wenige Spurengase in der Atmosphäre befanden. Sie war aber warm, wenn wir deutlich mehr von ihnen in der Atmosphäre hatten.

Rekonstruktionen der Klimageschichte aus Bohrungen des grönländischen Eises zeigen, dass es in den vergangenen 50 000 Jahren immer wieder heftige Klimaschwankungen gegeben hat. Teilweise spielten sie sich in wenigen Jahrzehnten ab und veränderten die Temperatur in Grönland um fünf bis zehn Grad. Selbst während des Übergangs von der letzten Eiszeit zur heutigen Warmzeit, dem Holozän, sind noch heftige Klimaschwankungen nachweisbar. Die letzten 8000 Jahre waren jedoch recht stabil. Diese Beständigkeit des Klimas hat wahrscheinlich auch dazu geführt, dass sich die Menschheit in den letzten Jahrtausenden entwickeln konnte.

Wir haben inzwischen ein ziemlich gutes Verständnis der Prozesse, die vermutlich zu dieser Unruhe im Klima geführt haben. Entscheidend waren wohl die Umstellungen in der Ozeanzirkulation des Atlantiks und im System des Golfstroms. Aus theoretischen Studien ist bekannt, dass dieses System unter bestimmten Umständen sehr empfindlich auf kleine Störungen, das heißt auf die alltäglichen Wetterschwankungen, reagieren kann. Eine solche Situation kann dann gegeben sein, wenn die Oberfläche des Nordatlantiks von relativ viel Schmelzwasser bedeckt ist. Infolge des Abschmelzens der riesigen Eismassen am Ende der letzten Eiszeit entstand offenbar ein Zustand über Jahrtausende im Nordatlantik, durch den es immer wieder zu sehr heftigen und äußerst schnellen Klimawechseln infolge von raschen Umstellungen der Ozeanzirkulation gekommen war. Wie schon gesagt: Es hat also in nicht allzu ferner Vergangenheit starke Klimaschwankungen gegeben, für die der Mensch nicht verantwortlich ist. Nun wird diese Tatsache immer wieder als Argument dafür angeführt, dass man rapiden Klimaumschwüngen demnach nicht ausweichen könne und man deshalb die anthropogene Klimabeeinflussung nicht weiter ernst zu nehmen bräuchte. Diese Zeiten der raschen Klimawechsel sind aber viele Jahrtausende her. Entsprechend haben wir Menschen uns auf eine Stabilität des Klimas eingestellt, wie sie in den letzten 8000 Jahren gegeben war. Keiner von uns möchte ähnlich starke und teilweise zerstörerische Klimaänderungen erleben, wie sie beispielsweise beim Übergang von der letzten Eiszeit zur heutigen Warmzeit stattfanden. Die Erde würde auch die nächsten Jahrtausende in einem relativ beständigen Klima verharren, eher sogar wieder in Richtung einer Eiszeit marschieren – wenn der Mensch sich nicht anschicken würde, es zu verändern.

El Niño, das Teufelskind

Im Sommer 1982 spielte das Wetter rund um den tropischen Pazifik verrückt. In Australien herrschte eine extreme Dürre und weiter im Osten regnete es aus Eimern. Niemand wusste, was los war. Schließlich fand man des Rätsels Lösung: Es hatte ein El Niño-Ereignis eingesetzt, und zwar früher als normalerweise üblich. Solche Phänomene gehören, wie gesagt, zu den natürlichen Klimaschwankungen. Sie erfordern keinen Antrieb von außen. Innerhalb der kurzen Zeitskalen, also wenn sich solche Schwankungen innerhalb einiger Jahre wiederholen, sind wir Menschen unmittelbar von ihnen betroffen. El Niño ist die stärkste »interne« und damit natürliche Klimaschwankung innerhalb eines Zeitraums von einigen Monaten bis zu mehreren Jahren. Heute weiß man, dass derartige Ereignisse Teil einer Schwingung sind, bekannt auch als El Niño/Southern-Oscillation-Phänomen (ENSO). ENSO kann als eine Oszillation zwischen einem warmen Zustand (El Niño) und einem kalten Zustand (La Niña) verstanden werden, was bedeutet, warme und kalte Phasen wechseln sich ab. Obwohl ENSO seinen Ursprung im tropischen Pazifik hat, beeinflusst es nicht nur das tropische Klima, sondern auch das Weltklima. Außerdem besitzt ENSO weitreichende Auswirkungen auf die tropischen Ökosysteme und damit auf die Volkswirtschaften verschiedener Staaten. ENSO ist folglich nicht nur von besonderem wissenschaftlichen, sondern auch von großem öffentlichen Interesse. Das häufigere Auftreten von ENSO-Extremen in den letzten Jahrzehnten hat dabei die Frage aufgeworfen, inwieweit der globale Klimawandel auch Einfluss auf die Eigenschaften von ENSO hat.

Mit »El Niño« bezeichnet man eine Erwärmung großer Teile des tropischen Pazifiks, die im Mittel etwa alle vier Jahre auftritt. Das Wort »El Niño«, das Christkind, stammt aus dem Spanischen und wurde von peruanischen Küstenfischern im letzten Jahrhundert geprägt, um ein jahreszeitliches Signal zu markieren. Die Fischer beobachteten, dass alljährlich zur Weihnachtszeit die Meeresoberflächentemperatur anstieg, was für sie gleichzeitig das Ende der Fangsaison bedeutete, da die Fische infolgedessen aus diesen Gewässern verschwanden. In einigen Jahren allerdings war die Erwärmung derart stark, dass die Fische nicht – wie sonst üblich – am Ende des Frühjahrs wiederkehrten. Diese besonders massiven Erwärmungen erstreckten sich über einen Zeitraum von ungefähr einem Jahr. Heute werden nur noch diese außergewöhnlich starken und lang anhaltenden Erwärmungen mit »El Niño« bezeichnet. Sie wiederholen sich in unregelmäßigen Abständen von einigen Jahren. Da El Niño-Phänomene mit extremen Wetteranomalien verbunden sind, beispielsweise sintflutartigen Niederschlägen, sprechen die Peruaner nicht mehr vom »Christkind«, sondern vom »Teufelskind«. Die Menschen in Südkalifornien wissen ebenfalls gut über El Niño Bescheid, weil sie dadurch den Regen bekommen, den es dort eigentlich nicht geben sollte. »It never rains in Southern California« verheißt ja ein großer Hit. In den Wintern mit El Niño-Auswirkungen sind dann aber regelrechte Wolkenbrüche zu beobachten. Da diese Ereignisse aber vorhersagbar sind, werben beispielsweise Dachdecker in Zeitungsinseraten dafür, dass man sein Dach rechtzeitig vor dem Einsetzen der massiven Regenfälle reparieren sollte. Amerikanische Versicherungsgesellschaften bieten sogar spezielle El Niño-Policen an.

Der bislang stärkste El Niño wurde im Winter 1997/98 beobachtet. Die Medien in aller Welt berichteten damals sehr ausführlich darüber. Seitdem ist dieses Phänomen auch in Deutschland bekannt. Die Abbildung auf Seite 60 zeigt die anomale Meeresoberflächentemperatur, wie sie im Dezember 1997/98 während dieses Ereignisses gemessen wurde. Der großräumige Charakter der Erwärmung ist deutlich ersichtlich: Sie erstreckt sich etwa über ein Viertel des Erdumfangs in Äquatornähe. Das für El Niño typische Erwärmungsmuster besitzt die größten Temperaturerhöhungen im äquatorialen Ostpazifik, mit Temperaturanomalien von über fünf Grad vor der Küste Südamerikas. Mit El Niño gehen auch Veränderungen in der Meeresoberflächentemperatur in anderen Regionen einher, wie zum Beispiel eine Erwärmung des tropischen Indischen Ozeans oder eine Abkühlung des Nordpazifiks. Letztere wird durch eine veränderte atmosphärische Zirkulation in diesen Gebieten als Folge der El Niño-Erwärmung im tropischen Pa-

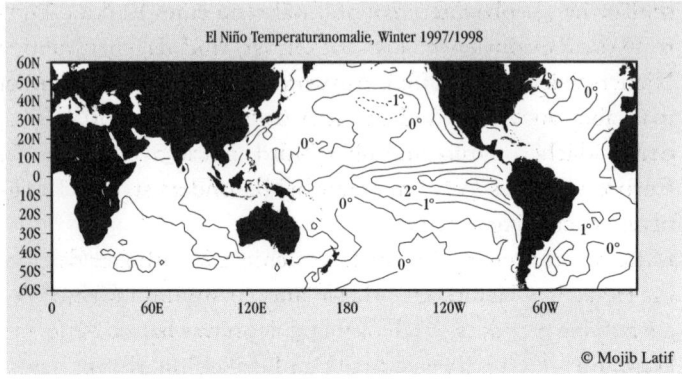

El Niño Temperaturanomalie, Winter 1997/1998

© Mojib Latif

Die während eines El Niño-Ereignisses im Winter 1997/98 beobachtete Änderung der Meeresoberflächentemperatur in Grad Celsius. Die stärksten Erwärmungen befanden sich im äquatorialen Ostpazifik mit einer Abweichung von über vier Grad der Normaltemperatur.

zifik hervorgerufen. El Niño besitzt also vielfältige klimatische Auswirkungen, die sich um den ganzen Globus erstrecken, nicht zuletzt können Südostasien und Nordaustralien infolgedessen unter starken Dürren leiden. Erinnern Sie sich noch an die extremen Waldbrände in Indonesien im Herbst 1997? Die Rauchschwaden bedeckten damals große Teile Südostasiens und die Menschen in dieser Region konnten sich nur mit Mundschutz auf die Straße wagen. Diese Brände waren eine der Auswirkungen des Jahrhundert-El Niño.

Auf der anderen Seite des Pazifiks, über dem westlichen Südamerika, kommt es hingegen zu sintflutartigen Regenfällen. Die unterschiedlichen Auswirkungen haben eine Ursache: Infolge der Erwärmung des Ostpazifiks verschiebt sich das normalerweise im Westen liegende Regengebiet in Richtung der Erwärmung. In Regionen, wo man zuvor ergiebige Niederschläge hat, beobachtet man nun während eines El Niño Dürre. Wo es ansonsten relativ trocken ist, sind dagegen heftige Niederschläge anzutreffen. Auswirkungen des El Niño findet man aber auch über Indien, dem östlichen Äquatorialafrika, dem südlichen Afrika und über Nord- sowie Südamerika. In Europa ist dieses Phänomen nur bei besonders starken Ereignissen nachhaltig spürbar.

Mitte der achtziger Jahre suchte mich ein Mitarbeiter der Firma Henkel im Hamburger Max-Planck-Institut für Meteorologie auf. Ich wunderte mich darüber, denn was hatten Seife und Waschmittel mit Klima zu tun? Der Henkel-Mitarbeiter machte mich aber auf einen interessanten Sachverhalt aufmerksam. Der Weltmarktpreis für Kokosöl stand in einer erstaunlichen Korrelation zum Auftreten von El Niño. Ungefähr ein Jahr nach einem solchen Ereignis schnellt der Kokosölpreis in die Höhe, da Südostasien, wo Kokos hauptsächlich angebaut wird, von einer extremen Dürre heimgesucht wurde. Die Missernten führen folglich zu einer Verknappung von Kokosöl, wodurch sein Weltmarktpreis ansteigt. Der Henkel-Mitarbeiter wollte nun von mir wissen, ob man die El Niño-Ereignisse vorhersagen könne und damit auch die Veränderungen im Kokosölpreis. Der kalifornische Klimaforscher Tim Barnett und ich entwickelten in dieser Zeit gerade unsere ersten Vorhersagemodelle. In der Tat konnten wir entsprechende Prognosen treffen. Noch heute erhalten wir die verschiedensten Anfragen, selbst von Leuten, die an der Börse spekulieren. Aber neben wirtschaftlichen Aspekten müssen auch gesellschaftliche Folgen von El Niño-Phänomenen bedacht werden. So ist beispielsweise die Häufigkeit von Malaria in Kolumbien ebenfalls damit verknüpft. Das anomal warme Klima in Kolumbien während dieser Episoden begünstigt die Vermehrung der Mückenarten, die die Malaria übertragen.

El Niño ist eng mit der Southern Oscillation verknüpft, einem atmosphärischen Phänomen, das bereits in den zwanziger Jahren von dem Meteorologen Sir Gilbert Walker beschrieben wurde. Sein Hauptinteresse galt der Vorhersage indischer Monsunregen. Walker gelang es zwar nicht, den Monsun zuverlässig zu prognostizieren, er entdeckte aber eine andere erstaunliche Erscheinung, die Southern Oscillation. Man kann sie sich als eine Art Luftdruckschaukel vorstellen, wobei die Oberflächendruckvariationen in der westlichen und in der östlichen Hemisphäre einander entgegengesetzt sind. So sind beispielsweise die Luftdruckschwankungen in Djakarta (Indonesien) mit denen auf der gesamten Erde korreliert. Signifikante Korrelationen existieren also nicht nur in der Nähe von Djakarta, sondern auch weit entfernt von diesem Referenzort, was den globalen Charakter der Southern Oscillation verdeutlicht. Während eines El Niño kommt es beispielsweise zu einer Erhöhung des Drucks über Südostasien und dem westlichen Pazifik, während er Tausende von Kilometern entfernt im östlichen Pazifik sinkt. Dies hat zur Folge, dass sich der Druckgegensatz über dem Pazifik reduziert, wodurch die Passatwinde schwächer werden.

Der schwedische Physiker und Meteorologe Jacob Bjerknes erkannte 1969 als erster die enge Verbindung zwischen El Niño und der Southern Oscillation. Er hob auch die Bedeutung von Wechselwirkungen zwischen Ozean und Atmosphäre für die Klimavariabilität im pazifischen Raum hervor. Bjerknes definierte zwei einfache Indizes: die Anomalie der Meeresoberflächentemperatur im Ostpazifik und den so genannten Southern Oscillation-Index (SOI), der die Druckdifferenz zwischen den beiden Zentren der Southern Oscillation misst, also den Druckunterschied zwischen Südostasien und dem Ostpazifik. Die beiden Zeitreihen variieren außer Phase, das heißt, sie sind gegenläufig. Beispielsweise fallen positive Anomalien der Meeresoberflächentemperatur (die El Niño-Phasen) mit negativen Anomalien im SOI zusammen. Da der SOI ein Maß für die Stärke der Passatwinde über dem Pazifik ist, gehen also El Niño-Ereignisse mit abgeschwächten Passatwinden einher. Bjerknes erkannte dies und führte die Variationen in der Meeresoberflächentemperatur im äquatorialen Ostpazifik auf windinduzierte Veränderungen in der Ozeanzirkulation zurück. Variationen im Wärmeaustausch zwischen Ozean und Atmosphäre hingegen würden, so Bjerknes, dämpfend auf die Anomalien bei der Meeresoberflächentemperatur wirken. Wegen der engen Verbindung zwischen dem El Niño und der Southern Oscillation spricht man heute im Allgemeinen vom El Niño/Southern Oscillation-Phänomen. Der schwedische Meteorologe erkannte außerdem, dass die Wechselwirkungen zwischen Ozean und Atmosphäre im Bereich des tropischen Pazifiks instabil sind, dass anfängliche Störungen vom gekoppelten System Ozean-Atmosphäre verstärkt werden.

Nehmen wir nun an, dass sich der Ostpazifik infolge einer zufälligen Störung erwärmt. Dadurch verringert sich der Temperaturgegensatz zwischen dem Westpazifik und dem Ostpazifik, welcher normalerweise etwa zehn Grad beträgt. Der Westpazifik besitzt Badewannentemperaturen mit Meeresoberflächentemperaturen von etwa dreißig Grad, während der Ostpazifik mit etwa zwanzig Grad deutlich kälter ist und den typischen Temperaturen unserer Nordsee im Sommer entspricht. Die vergleichsweise kalten Temperaturen im Ostpazifik haben ihren Grund darin, dass dieser Ozean eine Auftriebsregion ist, in der kaltes Tiefenwasser an die Oberfläche quillt. Die anfängliche Erwärmung des Ostpazifiks resultiert somit nicht nur in einer Abschwächung des Temperaturgefälles im Meer, sondern auch in einem Druckgegensatz in der Atmosphäre, was zu einer Abschwächung der Passatwinde führt, vor allem über dem Westpazifik. Dieses wiederum zieht einen reduzierten Auftrieb kalten Wassers an die Oberfläche im Ostpazifik nach sich, wodurch die dortige Meeresoberflächentemperatur weiter ansteigt und die Passatwinde sich noch mehr abschwächen. Es ist diese Art von positiver Rückkopplung zwischen Ozean und Atmosphäre, durch die sich anfängliche Störungen aufschaukeln, die El Niños erst ermöglichen.

Die Bedeutung äquatorialer Wellen für die Entstehung von El Niño-Ereignissen wurde von Klaus Wyrtki von der Universität von Hawaii in Honolulu im Jahr 1975 hervorgehoben. Er ist einer jener deutschen Meeresforscher, die sich ihren Traum erfüllt haben, auf Hawaii zu leben und zu arbeiten. Wyrtki ging bei seinen Überlegungen von folgender Beobachtung aus: Wellen im Wasser kennen wir alle. Sie entstehen beispielsweise, wenn wir einen Stein ins Wasser werfen oder wenn ein Schiff durchs Wasser gleitet. Störungen an der Meeresoberfläche lösen also grundsätzlich Wellen aus. Auch die ewig wechselnden Winde verursachen Meereswellen, entsprechend die sich während eines El Niño-Ereignisses verändernden Passatwinde. Im Gegensatz zu den Wellen, die wir aus unserer Erfahrung kennen, haben aber die durch die abflauenden Passatwinde erzeugten Wellen enorme räumliche Erstreckungen, mit Wellenlängen von mehreren Tausend Kilometern. Sie sind von Satelliten aus zu beobachten. Wyrtki zeigte nun, dass das Auftreten eines El Niño-Phänomens mit der Wanderung von Meereswellen verknüpft ist. Die Abschwächung der Passatwinde über dem Westpazifik bewirken mithin »Kelvinwellen«, die ostwärts wandern und den Auftrieb kalten Wassers an der Oberfläche reduzieren. Dadurch erwärmt sich der Ostpazifik. Äquatoriale Wellen beeinflussen die Meeresoberflächentemperatur aber nur im Ostpazifik, da dort die so genannte Thermokline, die Grenzfläche zwischen warmen Oberflächenwasser und kaltem Tiefenwasser, dicht unterhalb der Meeresoberfläche liegt. Den Kelvinwellen kommt also eine entscheidende Bedeutung bei der Wechselwirkung zwischen Ozean und Atmosphäre zu: Sie sind das entscheidende Bindeglied zwischen den Windveränderungen im Westpazifik und den Temperaturveränderungen im Ostpazifik.

Neben den als El Niño bezeichneten Warmphasen treten ebenso häufig Kaltphasen auf, die mit »La Niña« bezeichnet werden. Diese sind im Prinzip die »kalten Schwestern« von El Niño. Ihre Auswirkungen sind umgekehrt zu denen eines El Niño-Ereignisses. La Niña-Phänomene führen beispielsweise zu einem anomal kalten Ostpazifik, zu mehr Niederschlägen im Westpazifik und zu verringerten in der östlichen Region. Dies legt die Vermutung nahe, dass ENSO auf einem Zyklus basiert. Die amerikanischen Wissenschaftler Paul Schopf und Max Suarez von der NASA in Greenbelt im Bundesstaat Maryland postulierten einen derartigen Zyklus, basierend auf der Erkenntnis, dass äquatoriale Wellen wandern. Danach werden infolge von Windveränderungen während ENSO-Extremen (El Niño, La Niña) »Rossbywellen« im Westpazifik ausgelöst, die westwärts wandern und an den Küsten Südostasiens und Australiens in Kelvinwellen reflektiert werden. Letztere erreichen mit einer gewissen Zeitverzögerung den Ostpazifik, wo sie die Meeresoberflächentemperatur derart verändern, dass die anfängliche Anomalie geschwächt und schließlich im Vorzeichen umgekehrt wird. Instabile Wechselwirkungen zwischen Ozean und Atmosphäre führen dann zu einem Anwachsen dieses Signals.
Die Phasenumkehr wird also schon während eines Extremzustands eingeleitet. Ein El Niño-Ereignis sorgt daher für seinen

eigenen Tod. So lösen die Windveränderungen während einer Warmphase Rossbywellen aus, die mit verstärktem Auftrieb kalten Wassers einhergehen. Nach der Reflexion der Rossbywellen transportieren Kelvinwellen das Signal ostwärts entlang des Äquators und führen zu einer Abkühlung im Ostpazifik. Die mittlere Periode von ENSO wird nach diesem Modell im Wesentlichen von der Beckenbreite des Pazifik bestimmt. Es ist anzunehmen, dass ein derartiger Wellenzyklus gedämpft ist und durch das Rauschen im gekoppelten System Ozean-Atmosphäre, ähnlich einer Schaukel im Wind, kontinuierlich angefacht wird. Dieser von Schopf und Suarez vorgeschlagene einfache Oszillator stellt sicherlich eine grobe Vereinfachung der tatsächlichen Verhältnisse dar, er beschreibt dennoch die fundamentale Dynamik von ENSO.

Außerdem wird durch dieses Prototypmodell ersichtlich, dass ENSO bis zu einem bestimmten Grad prognostizierbar ist, was von enormer praktischer Bedeutung ist. Prinzipiell kann man zwei Arten von Vorhersageschemata unterscheiden, die statistischen und die dynamischen Prognosemodelle. Beide Modelle sind bisher recht erfolgreich gewesen. Dynamische ENSO-Vorhersagen werden ähnlich wie Wetterprognosen durchgeführt, das heißt, sie stellen beide ein so genanntes Anfangswertproblem dar. Man startet vom heutigen Zustand und berechnet mit den Modellen die zukünftige Entwicklung. Während für die Wettervorhersage mit rein atmosphärischen Modellen gerechnet wird, verwendet man für die ENSO-Vorhersage gekoppelte Ozean-Atmosphäre-Modelle, da die Veränderungen im Meer großen Einfluss haben. Den Anfangszustand aus dem Pazifik erhält man über ein Netz von fest verankerten Bojen, das Informationen aus Tiefen bis zu 500 Metern liefert. Dieses Netz misst kontinuierlich Meeresströmungen und Meerestemperaturen. Die Daten werden sofort an Satelliten weitergeleitet, sodass sie innerhalb sehr kurzer Zeit für die Vorhersage zur Verfügung stehen.

Einer der wichtigsten Parameter, die Meeresoberflächentemperatur im Ostpazifik, ist etwa ein Jahr im Voraus mit relativ großer Genauigkeit prognostizierbar. Da die Schwankungen in der Meeresoberflächentemperatur im Ostpazifik eng mit Veränderungen der Lufttemperatur und des Niederschlags über vielen Landregionen verbunden sind, birgt die erfolgreiche Vorhersage der Meeresoberflächentemperatur auch die Möglichkeit, klimatische Veränderungen in vielen Regionen der Erde vorherzubestimmen. Es sollte aber erwähnt werden, dass die Qualität der Prognosen nicht immer gleich gut ist. So waren beispielsweise die achtziger Jahre deutlich besser vorhersagbar als die neunziger Jahre. Man vermutet, dass dekadische Schwankungen, also Schwankungen auf der Zeitskala von Jahrzehnten, in der großräumigen Ozeanzirkulation zu der dekadischen Modulation bei der Vorhersagegüte führen. Inzwischen werden ENSO-Prognosen routinemäßig an einigen Instituten durchgeführt und von Regierungen verschiedener Staaten verwendet, um beispielsweise Entscheidungen für den Anbau landwirtschaftlicher Produkte zu treffen.

Was haben Moleküle mit Geldscheinen zu tun?

Neben dem Kosmos, den wir wahrnehmen, den Makrokosmos, existiert noch der Mikrokosmos. Dies ist die Welt der Elementarteilchen, Atome und Moleküle, der Bausteine der Materie. Gegen Ende des 19. Jahrhunderts stellte sich heraus, dass die klassische Physik von Isaac Newton und seinen Schülern Grenzen hatte. Sie konnte keine Erklärung für Phänomene in extremen Situationen liefern, auch nicht für solche, die bei sehr hohen Geschwindigkeiten nahe der Lichtgeschwindigkeit ablaufen, bei sehr hohen Temperaturen oder auf äußerst kleinen Raumskalen von Molekülen oder Atomen. Um die kuriosen Erscheinungen bei hohen Geschwindigkeiten zu erklären, formulierte Albert Einstein die Relativitätstheorie, in der die Wahrnehmung von Raum und Zeit vom Beobachter abhängt und die Lichtgeschwindigkeit eine Konstante ist. Um die Wechselwirkung von Licht und Luft, also zwischen Strahlung und Atmosphäre, zu verstehen, und damit das Wetter- und Klimageschehen, müssen wir uns mit einem der radikalsten Umbrüche in der Physik beschäftigen, mit der Quantentheorie. Diese wurde von dem Physiker Max Planck im Jahr 1899 aufgestellt, um den Widerspruch zwischen Theorie und Beobachtung hinsichtlich der Farben aufzulösen, die ein sehr heißer Körper aussendet. Denken Sie beispielsweise an eine heiße Herdplatte. Die damaligen Theorien konnten nicht erklären, warum sich die Farben von langen zu kürzeren Wellenlängen verändern, wenn sich die Temperatur eines Körpers erhöht, warum sich also die Farbe der Herdplatte von Rot zu Orange ändert, wenn wir den Herd eine Stufe höher stellen.

Planck stellte die Hypothese auf, dass eine elektromagnetische Strahlung wie das Licht aus individuellen Energiepaketen, so genannten Quanten, mit wohldefinierten Energiemengen besteht. Normalerweise hatte man verschiedene Farben mit unterschiedlichen Wellenlängen assoziiert. Der Physiker schlug nun vor, die verschiedenen Farben den unterschiedlichen Energiequanten von Energie zuzuordnen; je länger eine Welle war, desto kleiner war das Quantum und damit die Energieeinheit. Lange rote Wellen haben relativ kleine Energieeinheiten, kurze blaue größere. Daraus folgte: Je kleiner die Wellenlänge, desto energiereicher sind die entsprechenden Quanten. Diese Annahme machte es Planck möglich, Theorie und Beobachtung in Einklang zu bringen.

Seine Idee wurde zunächst nicht sehr beachtet – bis Albert Einstein sie aufgriff und den so genannten Photoelektrischen Effekt erklärte. Damit ist gemeint: Wenn ein Lichtstrahl auf eine Metallplatte trifft, kann er einen elektrischen Strom induzieren, der zu einer benachbarten Platte fließt, obwohl die beiden Platten nicht miteinander verbunden sind. Das Licht bringt die Atome auf der ersten Platte so stark zum Vibrieren, dass Elektronen herausgebrochen werden und zur zweiten Platte wandern: Es fließt Strom. Experimente zeigen, dass dieser Effekt weit mehr von der Farbe des Lichts, denn von seiner Intensität abhängt. Einstein erklärte dies damit, dass Licht als Strom von diskreten Teilchen betrachtet werden kann, die er Photonen nannte. Er griff dabei die Planck'sche Idee auf und postulierte Folgendes: Je kürzer die Wellenlänge des Lichts ist, umso energiereicher sind seine Photonen. Eine nützliche Analogie ist das Geld, das auch nur in bestimmten Werten vorkommt. Es ist also auch gequantelt. Man kann sich etwa vorstellen, dass rotes Licht aus Einheiten von Fünf-Euro-Scheinen, das energiereichere gelbe Licht dagegen aus Einheiten von Zehn-Euro-Scheinen und das noch energiereichere ultraviolette Licht aus Hundert-Euro-Scheinen besteht. Sehr lange Wellen wie beispielsweise die Radiowellen bestehen – folgt man der Analogie mit dem Geld – aus Cent-Stücken.

Um den Photoelektrischen Effekt zu erklären, also die Wechselwirkung von Licht und Materie, nahm Einstein an, dass die Energie der Photonen nur in bestimmten Einheiten vorkommt und dass das Material, auf welches das Licht trifft, nur bestimmte Energieeinheiten absorbieren kann. Kupfer würde – wieder bezogen auf die Geldscheine – nur die Hundert-Euro-Scheine des ultravioletten Lichts akzeptieren, nicht aber die Fünf- oder Zehn-Euro-Scheine des gelben oder roten Lichts. Mit anderen Worten: Ein sehr starker Strahl von gelbem Licht kann keinen Photoelektrischen Effekt verursachen, dies vermag nur ein Strahl ultravioletten Lichts. Sie können dies mit einem Automaten vergleichen, der nur bestimmte Münzen annimmt, sagen wir Ein-Euro-Münzen. Selbst wenn Sie noch so viele Fünfzig-Cent-Münzen einwerfen, werden Sie keinen Erfolg haben. Sie bekommen aus dem Automaten nichts heraus. Einstein bekam für die Erklärung des Photoelektrischen Effekts den Nobelpreis verliehen. Kurioserweise konnte sich der geniale Wissenschaftler aber nie wirklich mit den Weiterentwicklungen der Quantentheorie wie der Quantenmechanik anfreunden, nach welcher der Aufenthaltsort eines Teilchens nur mit einer bestimmten Wahrscheinlichkeit angegeben werden kann.

Die Sonne ist nun mit 6000 Grad sehr heiß. Sie sendet daher eine relativ kurzwellige Strahlung in den Weltraum, deren Maximum im sichtbaren Bereich liegt. Wir sehen das beispielsweise daran, dass unser Himmel blau ist. Die Farbe Blau wird von den Luftmolekülen besonders stark gestreut. Je kürzer die Wellenlänge der Strahlung ist, umso energiereicher sind ihre Photonen. Die der extrem kurzen Röntgenstrahlen sind noch viel energiereicher als die ultravioletten. Im Vergleich dazu sind die Photonen der Infrarotstrahlung, welche die dagegen eher kalte Erde mit einer Temperatur von etwa 15 Grad abstrahlt, lethargisch. Wenn ein Photon mit einem Teilchen eine Wechselwirkung hat oder von ihm absorbiert wird, hängen die Konsequenzen dieser Begegnung von der Energie des Photons ab. Röntgenstrahlung ist extrem gefährlich, weil sie die chemischen Eigenschaften eines Atoms verändern kann, indem sie etwa Elektronen freizusetzen vermag, die normalerweise um den Atomkern rotieren. Zum Glück findet man solch energiereiche Photonen in unserer Atmosphäre nur oberhalb von sechzig Kilometern. Die Photonen, die schließlich die Erdoberfläche erreichen, sind verhältnismäßig harmlos. Die meisten werden absorbiert. Dadurch wird die Oberfläche aufgeheizt, die ihrerseits Photonen in Richtung Weltraum sendet. Während die von der heißen Sonne ankommenden Photonen energiereich sind, haben die von der vergleichsweise kalten Erde ausgehenden infraroten Photonen weniger Energie. Diese »zahmen« Photonen zerlegen keine Moleküle, sondern regen sie nur zum stärkeren Vibrieren oder schnelleren Rotieren an, wodurch die Moleküle die Strahlung absorbieren können. Es ist diese Absorption von Strahlung durch Gase, die für unsere weiteren Überlegungen eine große Bedeutung hat.

Ein Molekül absorbiert aber nicht einfach jedes beliebige Photon, es ist sehr selektiv. Und es muss dies auch sein, weil selbst das Vibrieren und Rotieren nur in bestimmten Raten erfolgen kann. Die möglichen Bewegungszustände eines Moleküls oder eines Atoms sind ebenfalls gequantelt. Daraus folgt, dass ein Gas nur die Photonen absorbieren kann, die das entsprechende Molekül von einem Zustand zum nächsten bringen kann – oder ein Elektron von einer Kernbahn zur nächsten. Dies bedeutet, dass Gase immer nur bestimmte Wellenlängen absorbieren, das heißt nur ganz spezifische Geldscheine oder Münzen akzeptieren. Je komplizierter ein Molekül aufgebaut ist, umso mehr Bewegungen kann es ausführen und umso mehr kann es mit verschiedenen Photonen in eine Wechselwirkung treten. Relativ einfache zweiatomige Moleküle besitzen dagegen nur ein kleines Repertoire von Tänzen, die sie aufführen können. Das ist der Grund, warum Stickstoff (N_2) und Sauerstoff (O_2) nur mit den sehr energiereichen ultravioletten

Strahlen in der hohen Atmosphäre in eine Wechselwirkung treten. Sie sind aus diesem Grund für unser Klima nicht so wichtig. Die komplizierteren dreiatomigen Moleküle jedoch, wie etwa Kohlendioxid (CO_2), Wasserdampf (H_2O) oder Ozon (O_3), sind flexibler und deswegen für den Strahlungshaushalt der Erde und damit für unser Klima von größerer Bedeutung. Das Kohlendioxid beispielsweise liebt förmlich die Photonen der irdischen Infrarotstrahlung. Es führt wahre Freudentänze auf, wenn es auf ein entsprechendes Photon trifft. Es vibriert und rotiert zugleich und würde für seinen »Breakdance« in jeder Diskothek Begeisterungsstürme hervorrufen. Es sind diese Prozesse in der Mikrowelt, die wir zwar nicht sehen können, die aber das Klima auf einem Planeten prägen.

Warum ist es auf der Erde so mild?

So viel wir wissen, existiert nur auf der Erde Leben. Dieser Planet hat sein lebensfreundliches Antlitz dem Umstand zu verdanken, dass er in seiner Atmosphäre das richtige Gasgemisch enthält. Ein Vergleich mit anderen »toten« Planeten unseres Sonnensystems verdeutlicht, wie wichtig die chemische Zusammensetzung der Atmosphäre für das Klima und somit für die Entwicklung von Leben ist. Unsere Atmosphäre besteht hauptsächlich aus Stickstoff (78 Prozent) und Sauerstoff (21 Prozent). Das restliche eine Prozent entfällt auf verschiedene Spurengase. Einige dieser Spurengase haben trotz ihrer sehr geringen Konzentrationen einen enorm wichtigen Einfluss auf das Klima, weil sie in den Strahlungshaushalt der

Erde eingreifen. Darunter befindet sich beispielsweise das schon bekannte Kohlendioxid, das zurzeit nur einen Anteil von 0,038 Prozent hat. Die Eigenschaften der Spurengase werden theoretisch durch die Quantentheorie verständlich, zudem sind sie aber auch experimentell in zahlreichen Versuchen nachgewiesen worden.

Eine der wichtigsten Eigenschaften der Erdatmosphäre ist der so genannte natürliche Treibhauseffekt. Er garantiert uns das milde Klima auf der Erde. Da die Atmosphäre für das Sonnenlicht durchlässig und dieses von der Erdoberfläche absorbiert wird, erwärmt sich in der Folge die untere Atmosphäre. Die Erdoberfläche sendet ihrerseits wiederum eine Wärmestrahlung aus, die als Infrarotstrahlung bezeichnet wird, und zwar in Richtung Weltraum. Einige Spurengase allerdings, wie Wasserdampf und Kohlendioxid, absorbieren diese Strahlung und werfen sie teilweise zurück in Richtung der Erdoberfläche. Dadurch kommt es zu einer zusätzlichen Erwärmung von etwa 33 Grad. Die Temperatur der Erdoberfläche beträgt daher im globalen Mittel ungefähr 15 Grad. Ohne diesen natürlichen Treibhauseffekt betrüge sie minus 18 Grad. Weil dieser Prozess im Kern eine ähnliche Wirkung wie das Treibhaus eines Gärtners besitzt, bezeichnet man ihn als »Treibhauseffekt«. Sowohl das Treibhaus des Gärtners als auch die Atmosphäre sind weitgehend durchlässig für die Sonnenstrahlung, beide behindern aber das Entweichen der Wärme. Die Spurengase, auch Treibhausgase genannt, übernehmen gewissermaßen die Aufgabe des Glases im Treibhaus. Die physikalischen Prozesse in der Atmosphäre sind aber in letzter Instanz mit denen in einem Treibhaus nicht zu vergleichen.

Wie wichtig der Treibhauseffekt für das irdische Klima ist, wird auch durch einen Vergleich mit anderen Planeten unseres Sonnensystems deutlich. Die Venus beispielsweise besitzt eine

Atmosphäre, die fast ausschließlich aus Kohlendioxid besteht. Hier ist also der Treibhauseffekt geradezu gigantisch, die Temperaturen auf der Oberfläche der Venus betragen dadurch folglich viele hundert Grad. Sie sind so hoch, dass beispielsweise Blei auf diesem Planeten schmelzen würde. Der Mars wiederum hat im Gegensatz zur Venus eine nur sehr dünne Atmosphäre und eine im Vergleich zur Erde sehr geringe Konzentration an Treibhausgasen. Dementsprechend liegt die Temperatur auf der Marsoberfläche viele Grade unter dem Gefrierpunkt. Wasser, würde es dort vorhanden sein, es wäre gefroren. Die Erdatmosphäre hingegen besitzt eine Menge an Treibhausgasen, die für die Entwicklung des Lebens sehr vorteilhaft waren und noch immer sind. In der folgenden Abbildung sind die Temperaturen zu erkennen, die einige Planeten in Abhängigkeit ihrer Entfernung von der Sonne hätten, berechnet aus der Bilanz der einfallenden Sonnenstrahlung und der ausgehenden Wärmestrahlung. Diese Strahlungsgleichgewichts-Temperatur eines Planeten nimmt natürlich mit zunehmender Entfernung von der Sonne ab.

Die Temperatur eines Planeten hängt aber noch von weiteren Prozessen ab, beispielsweise von der Sonnenlichtreflexion. Die obige Abbildung zeigt auch die Temperaturen, die sich unter Berücksichtigung der Reflexion von Sonnenstrahlung in den Weltraum ergeben – etwa durch helle Oberflächen wie Schnee und Eis oder durch Wolken. Diese Temperaturen sind natürlich niedriger. Es ist nun aber diese Reflexion von Sonnenlicht, die die Planeten, auch den Mond, für uns sichtbar macht, wobei die Erde zirka dreißig Prozent der einfallenden Sonnenstrahlung reflektiert, die Venus sogar 75 Prozent, da sie mit einer dicken Wolkenschicht umgeben ist. Was ein Planet an Sonnenstrahlung nicht reflektiert, das absorbiert er. Und nur dieser absorbierte Anteil trägt zur Erwärmung bei. Die

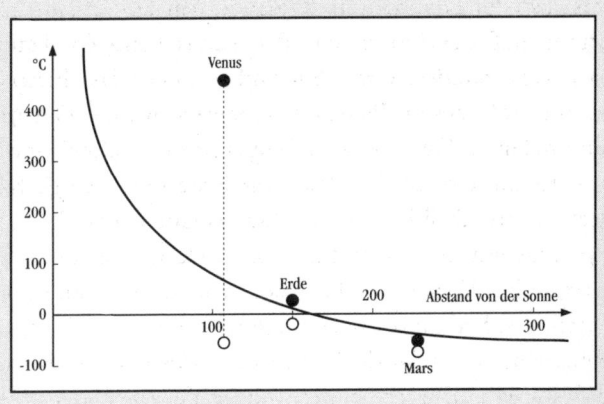

Die Temperaturen von Planeten wie Venus, Mars und Erde, die sich aus einer einfachen Strahlungsbilanz in Abhängigkeit von der Entfernung zur Sonne berechnen lassen (glatte Kurve). Außerdem sind die Temperaturen von Venus, Mars und Erde unter Berücksichtigung der Rückstreuung des Sonnenlichts (offene Kreise) und die aktuellen Temperaturen dargestellt (ausgemalte Kreise). Die Differenz zwischen den beiden Kreisen ist ein Maßstab für den Treibhauseffekt.

Erde absorbiert also etwa siebzig Prozent und die Venus dagegen nur 25 Prozent.

Die tatsächlichen Temperaturen von Venus, Mars und Erde sind ebenfalls in obiger Abbildung dargestellt. Die Stärke des Treibhauseffekts ergibt sich somit aus der Differenz zwischen den offenen und den ausgemalten Kreisen. Es wird sichtbar, dass nicht nur der Abstand von der Sonne die Temperatur eines Planeten bestimmt, entscheidend ist auch der Treibhauseffekt. Je höher also die Konzentration der Treibhausgase ist, umso stärker wird der Treibhauseffekt und umso höher steigt die Temperatur. Am Beispiel der Venus, die ja einen beträchtlich geringeren Anteil an Sonnenstrahlung absorbiert als die Erde, ist dies am deutlichsten zu erkennen. Wir können die Treibhausgase bildlich mit einer Decke vergleichen, welche die Planeten umhüllt. Je dicker die Decke, desto weniger Wärme kann in den Weltraum entweichen und umso wärmer ist es auf der Oberfläche. Diese Betrachtung verdeutlicht, dass es ziemlich gefährlich werden kann, wenn man mit einem Planeten experimentiert, die chemische Zusammensetzung seiner Atmosphäre, also die Konzentration von Treibhausgasen modifiziert. Dies wird unweigerlich dazu führen, dass sich seine Oberflächentemperatur und damit sein Klima verändert – und damit in gewisser Weise auch die Bedingungen für das Leben auf der Erde.

Das Paradoxon von der schwachen Sonne und der warmen Erde

Die Voraussetzungen auf der Erde waren lange Zeit sehr lebensfreundlich. Das Klima unseres Planeten war sehr mild, obwohl es immer wieder Störungen gab, wie beispielsweise die kontinuierliche Erhöhung der Sonnenstrahlung um etwa dreißig Prozent während der letzten vier Milliarden Jahre. Während dieser Periode kann man aber noch von moderaten Temperaturen sprechen, denn auf der Venus wurde es im selben Zeitraum so heiß, dass ihre Ozeane verdunsteten. Der Mars wiederum kühlte sich derart stark ab, dass sein damals noch vorhandenes Wasser gefror. Ursprünglich, als das Sonnensystem geboren wurde, ähnelten sich die drei Planeten Venus, Mars und Erde in ihrer Zusammensetzung, sie unterschieden sich aber in ihrem Abstand von der Sonne und in ihrer Größe. Venus und Erde haben ungefähr einen ähnlichen Umfang, während der Mars deutlich kleiner ist. Eine wissenschaftliche Herausforderung ist es nun, zu erklären, warum die beiden Faktoren, also die Größe und der Sonnenabstand, so grundsätzlich unterschiedliche Entwicklungen auf den jeweiligen Planeten verursachten, und zwar zu dem Zeitpunkt, als die Sonne begann, kontinuierlich stärker zu scheinen. Wir wissen, die Temperatur eines Planeten hängt in entscheidendem Maße vom Treibhauseffekt ab und damit von der Zusammensetzung seiner Atmosphäre. Eine intensivere Sonne kann nun durch ihn verstärkt aber auch abgeschwächt werden, abhängig davon, wie sich die Zusammensetzung der Atmosphäre wandelt. Aber welche Prozesse kontrollieren diese?

Viele Menschen betrachten die Zusammensetzung der sie umgebenden Luft als etwas Statisches, in dem Sinne, dass sich ihre Eigenschaften, vor allem ihre Struktur nicht verändert. In Wirklichkeit aber modifiziert sich unser Luftgemisch fortlaufend. Die einzelnen Gase zirkulieren zwischen verschiedenen Reservoiren, von denen die Atmosphäre nur eines ist. So ist beispielsweise die Konzentration von Wasserdampf durch den hydrologischen Zyklus, den Wasserkreislauf, bestimmt. Der Wasserdampf kommt durch die Verdunstung in die Atmosphäre und verlässt sie wieder durch den Niederschlag. In ähnlicher Weise kontrolliert ein Kohlenstoffkreislauf die Konzentration von Kohlendioxid in der Atmosphäre. Um zu verstehen, warum die Planeten so unterschiedlich auf die sich verstärkende Sonne reagiert haben, müssen wir die beiden wichtigsten Kreisläufe, den Wasser- und den Kohlenstoffkreislauf, betrachten.

Unsere Atmosphäre entstand durch Vulkanausbrüche, die eine Fülle von Gasen in die Atmosphäre schleuderten, darunter auch das Treibhausgas Wasserdampf. Obwohl die Vulkane immer mehr Wasserdampf in die Atmosphäre entließen, verstärkte sich der irdische Treibhauseffekt dennoch nicht unentwegt, sodass die Temperatur der Erde auch nicht weiter anstieg. Der Grund lag darin, dass die Atmosphäre an einem gewissen Punkt mit Wasserdampf gesättigt war und sich Wolken bildeten. Damit einhergehende Niederschläge entsorgten das Wasser aus der Atmosphäre. Es bildeten sich nun die Weltmeere und in der Folge stellte sich ein hydrologischer Zyklus ein, der die atmosphärische Wasserdampfkonzentration bestimmte. Damit die Luft gesättigt ist, muss sie einen spezifischen Gehalt an Wasserdampf überschreiten. Dieser Grenzwert steigt mit der Temperatur an. Daher kann durch Hinzufügung von Wasserdampf das Erreichen des Grenzwertes, des so genannten Sättigungsdampfdrucks, vermieden werden, wenn die Temperatur hoch genug ist.

Der Wasserdampf selbst kann für diese hohen Temperaturen sorgen, weil es ja ein Treibhausgas ist. Dies passierte auf der Venus, die der Sonne näher ist als die Erde. Da die Sonne aber auf der Venus intensiver scheint und die Temperatur höher ist, kam es jedoch vermutlich nicht zur Sättigung. Es entwickelte sich ein nicht mehr zu stoppender Treibhauseffekt, den man als »Runaway«-Treibhauseffekt bezeichnet. Ein Teufelskreislauf entstand. Die Vulkane entließen immer mehr Wasserdampf, der Treibhauseffekt vergrößerte sich dadurch und die Temperatur stieg weiter an. Infolge der enorm hohen Temperaturen konnten die Wassermoleküle (H_2O) in große Höhen aufsteigen, wo sie durch die energiereiche ultraviolette Strahlung (UV-Strahlung) in ihre Bestandteile Wasserstoff (H_2) und Sauerstoff (O) gespalten wurden. Die leichten Wasserstoffmoleküle entwichen in den Weltraum, der Sauerstoff reagierte mit dem Gestein und ein anderes Treibhausgas, das Kohlendioxid aus den Vulkanen, reicherte sich in der Atmosphäre an. Heute hat die Venus kein Wasser mehr. Ihre Wolken bestehen aus schwefelsäurehaltigen Tröpfchen.

Dieses Schicksal blieb der Erde erspart, sie wurde in ihrer Geschichte nie außergewöhnlich heiß. Ihre Temperaturen waren immer hinreichend niedrig, sodass sich Wolken entwickeln konnten. Gleichzeitig blieb es aber angenehm warm, selbst als die Sonne wieder schwächer schien. Eine plausible Erklärung dafür ist ein verstärkter Treibhauseffekt infolge einer höheren Kohlendioxidkonzentration. Der Kohlenstoffkreislauf, der die CO_2-Konzentration bestimmt, basiert auf Austauschvorgängen zwischen der Atmosphäre, der Biosphäre, den Weltmeeren und der festen Erde. Betrachten wir relativ kurze Zeiträume, unterschiedliche Jahreszeiten, Jahrzehnte und Jahrhunderte, dann spielen vor allem Prozesse zwischen der Atmosphäre, den Ozeanen und der Vegetation eine wichtige Rolle. Bezogen auf die längeren geologischen Zeitskalen von Millionen von Jahren ist der Austausch mit den Sedimenten wichtig, die eine enorme Menge an Kohlenstoff enthalten.

Kohlendioxid kommt ja durch Vulkanausbrüche in die Atmosphäre. Seine Entfernung aus der Atmosphäre über einen Zeitraum von Millionen von Jahren erfolgte über die Verwitterung. Regenwasser reagierte dabei mit Kohlendioxid, sodass eine schwache Säure entstand, die das Gestein erodierte. Die vom Gestein lösgelösten Kohlenstoffverbindungen wurden und werden noch immer durch Winde, Flüsse und Meeresströmungen schließlich auf den Meeresboden verfrachtet. Die Existenz von Leben beschleunigt diesen Prozess. Außerhalb des Wassers führt der Zerfall von Pflanzen zu mehr Kohlendioxid in den Böden. Dadurch können bestimmte Mineralien effektiver erodiert werden. Einige Organismen im Meer verwenden Kohlenstoffverbindungen, um ihre Schalen zu bilden. Wenn sie absterben, sammeln sie sich auf dem Meeresboden und mit ihnen der Kohlenstoff. Der Kohlenstoff in den Sedimenten wird durch sehr komplexe geologische Vorgänge im Erdinnern, wie der Konvektion, wieder in Kohlendioxid umgewandelt und schließlich durch den Vulkanismus in die Atmosphäre entlassen. Ein kompletter Umlauf dauert viele Millionen Jahre.

Stellen wir uns vor, dass die Sonne auf einmal schwächer scheint, so wie es in der Frühgeschichte der Erde gewesen war. Dies würde dazu führen, dass die Temperaturen sinken, weniger Wasser würde verdunsten und damit sich auch die Regenmenge reduzieren. Der Prozess der Verwitterung würde uneffektiver, die biologische Produktivität würde sich ebenfalls verringern. Insgesamt würde sich also die Entfernung des Kohlendioxids aus der Atmosphäre verlangsamen. Da aber der Ausstoß von Kohlendioxid durch die Vulkane gleich bleibt, würde der CO_2-Gehalt der Atmosphäre steigen, damit aber wiederum der Treibhauseffekt. Folglich würde es wärmer werden. Das Erdsystem besitzt also die Möglichkeit, sich auf langen Zeitskalen selbst zu regulieren, wenn es gestört wird. Der Kohlenstoffkreislauf wirkt also wie ein Thermostat, der dafür sorgt, dass die Temperaturen auf unserer Erde in einem moderaten Bereich bleiben. Man spricht bei einem derartigen Prozess in der Physik von einer »negativen Rückkopplung«. Die Venus verlor die Möglichkeit der Selbstregulation, als sie ihr Wasser verlor. Dadurch stoppte die Verwitterung und das Kohlendioxid konnte sich in der Atmosphäre anreichern, was zu dem enormen Treibhauseffekt führte. Auch auf dem Mars gab es offensichtlich keinen Thermostaten. Die Erde aber kann im Gegensatz zum Mars, den Kohlenstoff, der in den Meeressedimenten gespeichert ist, in Form von CO_2 wieder an die Atmosphäre abgeben. Auf dem Mars ist dieser Rücktransport unmöglich. Der Grund liegt vermutlich in seiner zu kleinen Masse, wodurch er in seinem Innern nicht genügend Hitze halten kann. Es fehlt auf dem Mars daher ein entscheidender Prozess, der auf der Erde jedoch existiert: den der Plattentektonik. Die Erdkruste besteht aus einer Vielzahl von Platten, die sich bewegen. Dabei können Sedimente oder Gesteine in tiefere und sehr heiße Schichten ins Erdinnere gelangen. Durch diese Verlagerung wird im Allgemeinen dann der Kohlenstoff in Kohlendioxid umgewandelt, das irgendwann durch Vulkanausbrüche in die Atmosphäre gelangt.

Auf den sehr langen Zeitskalen von Millionen von Jahren scheint es also so etwas wie eine Selbstregulation der Erde zu geben. Auf kürzeren Zeiträumen kann dies aber ganz anders sein. Die Eiszeitzyklen sind hierfür ein Beleg. Angestoßen durch den irdischen Tanz um die Sonne, verstärkt die Änderung in den Treibhausgaskonzentrationen sogar noch die astronomisch angeregte Störung des Klimas. So war der Gehalt von Kohlendioxid während der letzten Eiszeit sehr niedrig. Was bedeutet dies alles aber für die anthropogene Klimabeeinflussung? Die Lektion, die wir aus der Vergangenheit lernen ist, dass die Reaktion der Erde auf Störungen sehr stark von den Zeiträumen abhängt, die man betrachtet. Man kann beispielsweise aus der Möglichkeit der Selbstregulation auf der Zeitskala von Millionen von Jahren nicht schließen, dass sich die Erde permanent in dieser Weise verhält. Betrachtet man unterschiedliche Zeiträume, dann sind auch unterschiedliche Prozesse wichtig. Für die anthropogene Klimabeeinflussung in den nächsten hundert Jahren bedeutet dies, dass beispielsweise in diesem Zeitfenster die Verwitterung keine Rolle spielt, weil sie ein sehr langsamer Prozess ist. Der Gehalt an Treibhausgasen wird also in den kommenden Jahrzehnten weiter zunehmen, so wie es auch in den letzten Jahrzehnten der Fall gewesen ist, wenn wir ihren Ausstoß nicht drastisch zurückfahren.

Die Sonnenbrille der Atmosphäre

Unsere Erde weist neben dem Treibhauseffekt eine weitere Besonderheit auf, die für das Leben auf der Erde von entscheidender Bedeutung ist. Hoch oben in der Stratosphäre, dem zweiten Stockwerk der Atmosphäre, befindet sich die Ozonschicht. Ihre Existenz ist ein weiterer Garant für das Leben auf unserer Erde. Das untere Stockwerk der Atmosphäre, in dem die meisten Wetterphänomene ablaufen, bezeichnet man als Troposphäre und diese erstreckt sich etwa über die unteren zehn Kilometer. Darüber folgt die Stratosphäre mit der Ozonschicht, sie sich in eine Höhe von bis zu fünfzig Kilometern ausdehnt. Ozon hat die segensreiche Aufgabe, die für Lebewesen schädliche ultraviolette Strahlung zu absorbieren und dafür zu sorgen, dass diese UV-Strahlung in nur geringen Mengen die Erdoberfläche erreicht. Die Ozonschicht ist also im wahrsten Sinne des Wortes unsere Sonnenbrille. Jeder weiß, wie gefährlich eine Überdosis UV-Strahlung ist. Beim Menschen kann sie zu Hautkrebs, Augenkrankheiten und genetischen Veränderungen führen. Die Bildung der Ozonschicht vor Millionen von Jahren ist daher mitverantwortlich, dass sich das Leben allmählich aus dem Meer, in dem es weitgehend vor UV-Strahlung geschützt ist, auf das feste Land bewegt hat.

Eine Zerstörung der Ozonschicht hätte also unübersehbare Folgen für das Leben auf der Erde.

Man beobachtet schon jetzt eine deutliche Zunahme von Hautkrebs. Dies ist vermutlich nicht die Folge der schleichenden Ozonzerstörung, sondern auf unser geändertes Freizeitverhalten zurückzuführen. Hautkrebs braucht normalerweise viele Jahre, um sich aus einem Sonnenbrand zu entwickeln. Seit die Deutschen in den sechziger Jahren durch den Wirtschaftsaufschwung anfingen, in südlichen Ländern Urlaub zu machen und sich Sonnenbrände holten, erhöhte sich auch das Hautkrebsrisiko. Alle Hautärzte stimmen darin überein, dass man sich nicht ungeschützt der Sonne preisgeben sollte. Denken Sie nur an die Nomaden in den Wüsten, wie sich diese Menschen in Tüchern verhüllt vor der Sonne schützen. Die meisten von uns verhalten sich im Urlaub falsch und fahrlässig. Die Rechnung bekommen wir normalerweise erst Jahrzehnte später präsentiert. Der heutige Anstieg der Hautkrebsrate ist daher vermutlich erst der Anfang einer bestimmten Entwicklung, die durch unseren falschen Umgang mit der Sonne zustande kommt. Ich möchte die Gefahr durch die Ozonzerstörung nicht beschönigen, man sollte aber die Tatsachen nicht verdrehen.

Ozon (O_3) besteht aus drei Atomen Sauerstoff, im Gegensatz zu dem »normalen« (molekularen) Sauerstoff, den wir atmen, der aus zwei Atomen (O_2) besteht. Ozon aber ist ein Giftgas, das in hohen Konzentrationen krank macht. Viele von uns kennen die Probleme, wie die Reizung von Schleimhäuten und Atemwegsbeschwerden, die bei einer typischen sommerlichen Smog-Wetterlage auftreten. Diese Beschwerden sind auf zu hohe Ozonwerte zurückzuführen. Ozon entsteht in der unteren Atmosphäre vor allem durch Luftverschmutzung, verursacht durch Verkehr und Industrie. Dieses bodennahe Ozon ist jedoch nicht identisch mit dem stratosphärischen Ozon; beide sind sorgfältig voneinander zu trennen. Das bodennahe Ozon produziert nicht die Stratosphäre, sondern wird von uns selber verursacht. Durch eine Verbesserung der Luftqualität könnten wir aber relativ schnell das Problem dieser Ozonform in den Griff bekommen. Erste positive Ansätze sind bei uns schon erkennbar. So hat beispielsweise die Katalysatorpflicht bei Autos den Eintrag der an der Ozonbildung beteiligten Stickoxide schon deutlich reduziert.

Ozon befindet sich vor allem in der Stratosphäre, weil dort zwei konkurrierende Prozesse vorherrschen, die für die Ozonbildung wichtig sind. Ozon entsteht aus Zusammenstößen von molekularem Sauerstoff (O_2), das sind Sauerstoffpaare, und atomarem Sauerstoff (O), den Sauerstoff-Singles. Infolge der Schwerkraft nimmt die Luftdichte mit der Höhe stark ab und damit auch der Gehalt von molekularem Sauerstoff, den Sauerstoffpaaren. Andererseits nimmt die Menge an atomarem Sauerstoff, den Sauerstoff-Singles, mit der Höhe zu. Die Sauerstoff-Singles entstehen durch die UV-Strahlung, die in großen Höhen intensiver ist als in der Nähe der Erdoberfläche. Die Höhe, in der Ozon am effektivsten gebildet werden kann, resultiert also aus einem Kompromiss: Sie muss niedrig genug sein, damit die Luftdichte noch groß genug ist und eine gewisse Wahrscheinlichkeit für Zusammenstöße existiert; sie muss aber auch hoch genug sein, damit genügend Sauerstoff-Singles verfügbar sind. Dieser Kompromiss ist in der Stratosphäre erreicht, wo man deswegen die höchste Ozonkonzentration beobachtet. Die Ozonschicht ist aber sehr dünn. Würde man sämtliches Ozon auf der Erdoberfläche zusammentragen, so würde man gerade eine Schicht von einigen wenigen Millimetern Dicke erhalten. Der Mensch hat in den letzten

Jahrzehnten Unmengen ozonzerstörender Substanzen in die Atmosphäre entlassen, bekannt unter dem Sammelnamen »Fluor-Chlor-Kohlenwasserstoffe« (FCKW). Man weiß heute, dass die FCKWs sehr gefährlich sind und unsere Sonnenbrille zerbrechen können.

Es ist offensichtlich sehr nützlich, dass Ozon vor allem in den oberen Atmosphärenschichten, in der Stratosphäre, auftritt, wo es seine guten Eigenschaften demonstrieren kann, ohne uns zu nahe zu kommen. Auf der Erdoberfläche können wir nämlich das Giftgas nicht gebrauchen. Das Beispiel Ozon zeigt auch wieder einmal, wie genial die Natur arbeitet. Meist richtet sie es so ein, dass das vorhandene Leben geschützt wird. Zu diesem Zweck hat sie eine Ozonschicht hervorgebracht, um das Leben vor der gefährlichen UV-Strahlung zu bewahren. Die Ozonschicht hat sich im Laufe von Jahrmillionen entwickelt, und dies in Zusammenarbeit mit dem Leben selbst. Das, was sich als tragfähig erweist, setzt sich schließlich durch. Dieser Prozess dauerte naturgemäß sehr lange und es wurden sehr viele Kompromisse eingegangen. Aber wenn sich erst einmal eine Konstellation als nützlich erwiesen hat, dann dient sie allen Lebewesen. Was ich damit sagen will: Es ist besser, nicht in ein derart komplexes System einzugreifen, weil es in einem solchen System sehr viele Wechselwirkungen gibt, die man keineswegs komplett überschauen kann. Außerdem dauert es auch sehr lange, bis sich ein solches System auf Störungen einstellt und ein neues Gleichgewicht findet. Es wird auch jetzt viele Versuche unternehmen, bis sich ein tragfähiger Kompromiss gefunden hat. Es ist zu hoffen, dass dieser Kompromiss der alte ist, und die Natur in ihren alten Zustand zurückfinden wird. Die Ozonschicht ist deswegen in keinerlei Weise geeignet, mit ihr herumzuexperimentieren.

Das Klimaspiel ist eröffnet

Der Mensch – Herr über das Klima

Wir Klimaforscher gehen davon aus, dass wir das Erdsystem einigermaßen gut verstanden haben. Wir wissen aber auch, dass die Natur immer wieder Überraschungen für uns bereithält. Viele Skeptiker verweisen darauf. Diese Diskussion ist auch in den Medien immer wieder geführt worden. Vielleicht ist alles gar nicht so schlimm, vielleicht haben wir aber den einen uns rettenden Prozess schlichtweg übersehen. Sicher, alles ist möglich. Dennoch spricht vieles dafür, dass der Mensch langsam das Regiment über das Klima übernimmt – mit negativen Folgen. Genauso ist es auch möglich, dass wir einen Prozess bislang übersehen haben, der den anthropogenen Klimawandel tendenziell sogar noch verstärkt. So ist auch ein »Runaway«-Treibhauseffekt denkbar, also ein Treibhauseffekt, der nicht mehr zu stoppen ist, bei dem es auf der Erde so warm wird, dass sogar die Ozeane verdunsten, ähnlich dem frühen Geschehen auf der Venus. Mag das eine Hypothese sein, ich selbst glaube auch nicht an diese theoretische Möglichkeit. Aber unabhängig davon können wir das Klimaproblem einfach nicht leugnen oder wegdiskutieren. Die überwiegende Anzahl von Klimaforschern warnt uns vor der Zukunft. Wir sollten das ernst nehmen.

Der natürliche Treibhauseffekt als auch die Ozonschicht sind also entscheidende Faktoren, die das Leben auf unserem Planeten begünstigen. Der Mensch hat nun mit dem Fortschritt und dem damit verbundenen immensen Energieverbrauch ein gigantisches Experiment mit der Erde gewagt. Wir sind im Begriff, den Treibhauseffekt zu verstärken und die Ozonschicht zu zerstören. Zwei verschiedene Klimaprobleme kommen unweigerlich auf uns zu; im Prinzip sind sie schon da. Der zusätzliche, durch den Menschen verursachte (anthropogene) Treibhauseffekt und die Zerstörung des stratosphärischen Ozons sind im Grunde genommen zwei unterschiedliche Gefahren, die aber beide das Leben auf diesem Planeten grundlegend beeinflussen können. Beim anthropogenen Treibhauseffekt geht es darum, dass wir durch den Ausstoß bestimmter Spurengase unser Klima direkt verändern, es kommt zu einer globalen Erwärmung, mit weltweiten Klimaveränderungen, wie einem Anstieg des Meeresspiegels. Bei der Ozonproblematik besteht die Gefahr, dass die Erde ihre »Sonnenbrille« verliert, welche die schädliche UV-Strahlung von der Erdoberfläche bislang ferngehalten hat. Die FCKWs sind aber nicht nur an der Ozonzerstörung beteiligt, sondern auch am anthropogenen Treibhauseffekt. Sowie auch das bodennahe Ozon, das wir durch die Luftverschmutzung produzieren, zu diesem anthropogenen Treibhauseffekt beiträgt. Dies ist vermutlich der Grund dafür, dass viele Menschen den anthropogenen Treibhauseffekt und die Ozonproblematik oft miteinander verwechseln. Außerdem trägt das bodennahe Ozon ja auch zum anthropogenen Treibhauseffekt bei, was die Verwirrung im Allgemeinen noch größer macht.

Der natürliche Treibhauseffekt beschert uns das angenehme Klima auf unserer Erde. Es ist die »richtige« Menge von Treibhausgasen in einer Atmosphäre, die darüber entscheidet, ob ein Planet lebensfreundlich, wie die Erde, oder lebensfeindlich, wie die Venus, ist. Wir Menschen produzieren enorme

Mengen von Treibhausgasen, wie Kohlendioxid oder Methan, die wegen ihrer langen Lebensdauer über viele Jahre in der Atmosphäre verbleiben und so eine globale Klimaänderung anstoßen. Die Situation ist so ähnlich wie bei einer heilsamen Arznei. Wenn man die verordnete Dosis einnimmt, dann hilft das Medikament in aller Regel. Nimmt man aber eine Überdosis zu sich, kann dies verhängnisvolle Folgen nach sich ziehen. Über Jahrtausende hatten wir gerade das richtige Maß an Treibhausgasen in unserer Atmosphäre, nun beginnen wir aber, die Atmosphäre mit diesen Gasen anzufüllen. Das Klima wird unweigerlich auf derartige Veränderungen reagieren. Die Erde wird sich erwärmen, sie wird Fieber bekommen.

Um welche Treibhausgase handelt es sich eigentlich, die wir Menschen in die Luft blasen? Das wichtigste ist das Kohlendioxid. Es entsteht vor allem durch die Verbrennung fossiler Brennstoffe, das sind Erdöl, Erdgas und Kohle. Da die weltweite Energieversorgung hauptsächlich auf der Verbrennung der fossilen Brennstoffe basiert, ist der CO_2-Ausstoß eng an den weltweiten Energieverbrauch gekoppelt. Wenn wir beispielsweise ein Auto fahren, gelangt Kohlendioxid automatisch durch die Verbrennung von Benzin in die Atmosphäre. Wenn wir heizen, geschieht das Gleiche. Ähnliche Vorgänge ereignen sich bei unseren Kühlschränken oder Klimaanlagen. Bei fast allen unseren Aktivitäten verbrauchen wir Energie und wir sorgen dadurch, dass sich der Gehalt von Kohlendioxid in der Atmosphäre erhöht. Dabei ist es wegen der langen Lebensdauer des anthropogenen CO_2 völlig irrelevant, an welchem Ort der Erde es in die Atmosphäre entlassen wird; sein Verteilungsausgangspunkt ist unabhängig von seiner globalen Wirksamkeit. Mit anderen Worten: Wir in Deutschland beeinflussen auch das Klima in Bangladesch.

Die Hauptquellen für diese entscheidenden Treibhausgase

sind – weltweit betrachtet – der Energiesektor mit fünfzig Prozent Anteil, der Chemiesektor mit zwanzig Prozent, die Vernichtung der Wälder mit 15 Prozent und die Landwirtschaft mit ebenfalls 15 Prozent. Noch entweicht das Treibhausgas CO_2 vorrangig in den Industrienationen. Die Entwicklungsländer werden mit steigender Industrialisierung zur Vermehrung des Ausstoßes beitragen. Den traurigen Weltrekord beim Kohlendioxid halten die Vereinigten Staaten, die etwa ein Viertel zum weltweiten Ausstoß beitragen. Auch wenn Deutschland nicht zu den führenden Nationen in diesem Bereich zählt, so ist der Pro-Kopf-Ausstoß eines jeden Deutschen jedoch ziemlich hoch. Ein Amerikaner produziert im statistischen Mittel etwa zwanzig Tonnen Kohlendioxid pro Jahr, der Deutsche im Durchschnitt immerhin noch zehn Tonnen. Ein Bewohner eines Entwicklungslandes verursacht aber bislang nur 0,1 Tonnen pro Jahr. Wir Deutschen sind also letztlich nicht so viel besser als die Amerikaner. Weil wir aber ein relativ kleines Volk sind, führen wir nicht die weltweite »Hitliste« an. Hauptquellen für CO_2 sind bei uns hauptsächlich der Energiesektor und der Verkehr. Aber auch die privaten Haushalte spielen eine nicht zu unterschätzende Rolle: Sie tragen etwa 15 Prozent zur deutschen Emission von Kohlendioxid bei.

Das Kohlendioxid hat in etwa einen Anteil von sechzig Prozent am anthropogenen Treibhauseffekt, der durch die gut durchmischten Treibhausgase zustande kommt. Unter den gut durchmischten Treibhausgasen versteht man die Gase, die sich wegen ihrer relativ langen Lebensdauer um den Erdball verteilen können. Sie machen den größten Teil des anthropogenen Treibhauseffekts aus. Das bodennahe Ozon beispielsweise zählt nicht zu den gut durchmischten Treibhausgasen, da es eher kurzlebig ist. Das CO_2 ist also das weitaus wichtigste Treibhausgas, wenn es um den durch den Menschen verur-

	Vorindus-trieller Wert (1750)	Konzen-tration 2005	Rate der Änderung pro Jahr	Lebens-dauer (Jahre)	Anteil am zus. Treibhaus-effekt (%)
Kohlen-dioxid	280 ppm	379 ppm	1.9 ppm	100	60
Methan	700 ppb	1774 ppb	7.0 ppb	12	20
FCKWs (FCKW-11)	0	257 ppt	−1.4 ppt	45	14
Distick-stoffoxid	270 ppb	319 ppb	0.8 ppb	114	6

Eigenschaften der vier entscheidenden gut durchmischten Treibhausga-se. Die Rate der Konzentrationsänderung bezieht sich auf die Jahre 1995 bis 2005. Die Einheiten ppm, ppb und ppt sind aus dem Englischen übernommen und bedeuten »parts per million«, »parts per billion« und »parts per trillion«. Als Beispiel für die FCKWs ist das FCKW-11 angege-ben. Der Anteil am zusätzlichen Treibhauseffekt bezieht sich jedoch auf alle FCKWs zusammen (nach IPCC 2001). Die prozentualen Anteile be-ziehen sich nur auf den zusätzlichen Treibhauseffekt durch die gut durch-mischten Treibhausgase.

sachten zusätzlichen Treibhauseffekt geht. Das zweitwichtigs-te Treibhausgas ist Methan (CH_4), mit einem Anteil von etwa zwanzig Prozent. Es entsteht vor allem in der Landwirtschaft, etwa beim Nassreisanbau oder der Viehzucht, und bei der Ge-winnung und dem Transport von Erdgas, das vor allem aus Methan besteht. Glücklicherweise gehen die Konzentrationen einiger FCKWs sogar zurück, da es inzwischen ein internatio-nales Abkommen zum Schutz der Ozonschicht gibt – das Montrealer Protokoll von 1987. Wegen ihrer langen Lebens-dauer werden die FCKWs jedoch noch viele Jahre zum anthro-pogenen Treibhauseffekt beitragen.

Messungen zeigen aber, dass sich die Konzentrationen der langlebigen Treibhausgase in den letzten Jahrzehnten dennoch stark erhöht haben. Dies ist anhand der folgenden Abbildung deutlich zu erkennen, welche die zeitlichen Entwicklungen von Kohlendioxid, Methan und Distickstoffoxid (Lachgas, N_2O) für die letzten tausend Jahre zeigt. Es ist zu erkennen, dass bis ins 18. Jahrhundert die Konzentrationen der Treibhausgase ziemlich konstant waren, danach aber infolge der Industrialisierung rapide anstiegen und noch immer ansteigen. Der vorindustrielle Gehalt von CO_2 betrug etwa 280 ppm (parts per million), während er derzeit um etwa dreißig Prozent höher ist und bei ungefähr 380 ppm liegt. Dass sich der Mensch für diese Steigerung und der anderer Treibhausgase zu verantworten hat, ist unstrittig. Da der weltweite Verbrauch von fossilen Brennstoffen ziemlich exakt zu bestimmen ist, ist der Anstieg von Kohlendioxid ebenfalls relativ genau anhand von Modellrechnungen nachzuvollziehen, die sowohl die Aufnahme des CO_2 durch die Weltmeere und die Vegetation berücksichtigen. Rekonstruktionen mithilfe von Untersuchungen des antarktischen Eises zeigen darüber hinaus, dass die Konzentrationen von Kohlendioxid und Methan seit etwa einer halben Million Jahre nicht mehr so hoch waren wie momentan (siehe dazu auch die Abbildung auf Seite 55). Zwar waren diese beiden Treibhausgase, betrachtet man sie über längere Zeiträume hinweg, massiven Schwankungen unterworfen, die heutigen Werte sind aber einmalig. Interessant ist in diesem Zusammenhang, dass sich auch die Konzentrationen der Treibhausgase im Rhythmus der Eis- und Warmzeiten verändert haben, also aufgrund natürlicher Prozesse, so wie es der schwedische Gelehrte Arrhenius schon vor über einhundert Jahren überlegt hatte. Trotz dieser enormen natürlichen Schwankungen in den letzten Jahrhunderttausenden – beim Kohlendioxid betrug der Unter-

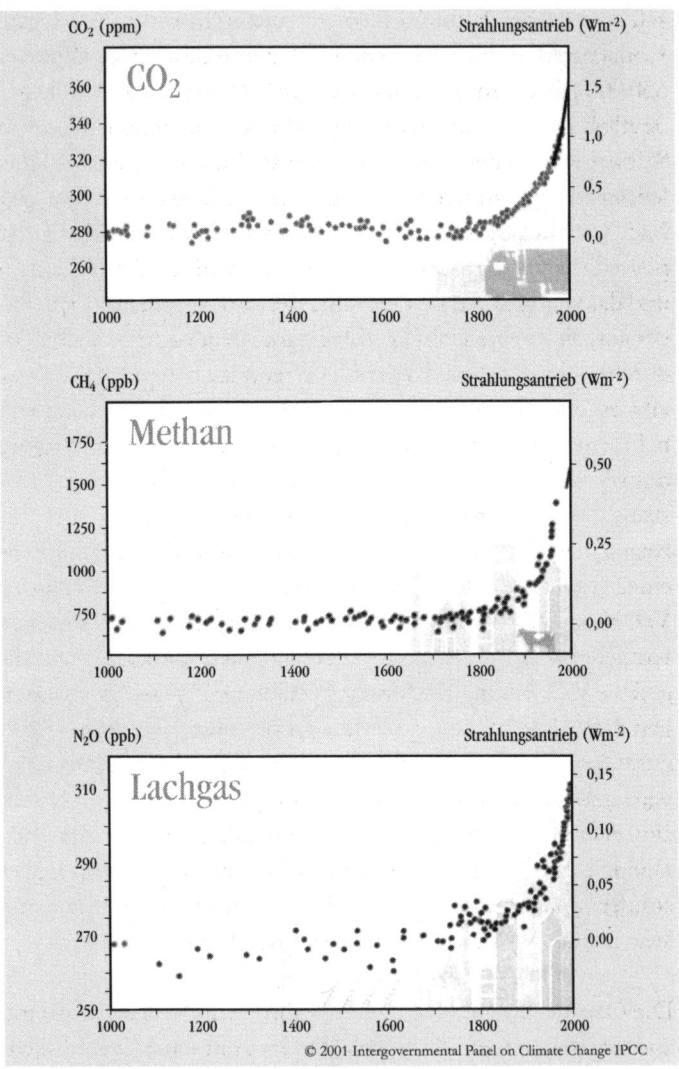

Zeitliche Entwicklungen der Konzentrationen von Kohlendioxid (CO₂), Methan (CH₄) und Distickstoffoxid (Lachgas, N₂O) der letzten 1000 Jahre.

schied zwischen Eis- und Warmzeit ungefähr 100 ppm –, lag die Konzentration von Kohlendioxid zumindest in den letzten 650 000 Jahren immer unterhalb von 300 ppm. Und damit auch deutlich niedriger als der jetzige Wert von ungefähr 370 ppm. Wir haben also den natürlichen Schwankungsbereich des Kohlendioxids und anderer Spurengase schon längst verlassen.

Nicht sämtliches Kohlendioxid, das der Mensch in die Atmosphäre entlässt, verbleibt auch in ihr. So nehmen die Weltmeere und die Vegetation etwa die Hälfte des anthropogenen CO_2 wieder auf, die andere Hälfte verbleibt aber in der Atmosphäre. Dadurch steigt die Kohlendioxidkonzentration rapide an. Noch gibt es einen Düngeeffekt, was heißt, die Vegetation fühlt sich bei mehr Kohlendioxid in der Atmosphäre wohler und nimmt deswegen mehr CO_2 auf. Das kann sich aber infolge von Klimastress für die Pflanzen ändern. Es gibt sogar Berechnungen, die zeigen, dass sich ab Mitte dieses Jahrhunderts die Vegetation zu einer Quelle für CO_2 wandelt. Eine derartige Veränderung im Verhalten der Pflanzen würde den Anstieg der atmosphärischen Kohlendioxidkonzentration beschleunigen und dadurch die globale Erwärmung noch weiter verstärken. Erste Abschätzungen dieses Effekts liegen im Bereich von etwa ein bis zwei Grad zusätzlicher Erwärmung bis zum Ende dieses Jahrhunderts. Die vegetationsdynamischen Rückkopplungen im Klimasystem sind aber noch nicht ausreichend verstanden und mehr interdisziplinäre Forschung auf diesem Gebiet ist von Nöten. Insbesondere müssen die Klimamodelle »grüner« werden und das Wachstum der Pflanzen detaillierter beschreiben.

Die Ozeane arbeiten bei der Aufnahme von Kohlendioxid mit zwei so genannten »Pumpen«. Da ist zum einen die Löslichkeitspumpe: Dabei löst das Wasser das Kohlendioxid auf und es wird langsam in die Tiefsee transportiert, wo es für lange

Zeit weggeschlossen ist. Zum anderen gibt es eine biologische Pumpe: Kleinstlebewesen im Meer benötigen Kohlenstoffverbindungen, beispielsweise zum Aufbau von Kalkschalen. Wenn diese Lebewesen sterben, sinken sie langsam ab und nehmen den Kohlenstoff mit in die Tiefe. Allerdings vollzieht sich der Austausch zwischen den oberen Schichten der Weltmeere und der Tiefsee sehr langsam. Dies ist auch der Grund dafür, dass die Weltmeere nicht mehr Kohlendioxid aufnehmen, obwohl die Tiefsee in Bezug auf Kohlendioxid ungesättigt ist. Man kann sich die Situation anhand von Wasser in einer Badewanne vorstellen. Im ersten Fall wird der Wasserhahn nur leicht aufgedreht, sodass das Wasser eher in die Wanne tröpfelt. Ist die Wanne voll und ziehen wir den Stöpsel, wird das Wasser problemlos ablaufen, es wird sich nicht in der Badewanne sammeln. Lassen wir aber das Wasser im zweiten Fall stark einlaufen, wird schon bei einer ungefähr halb vollen Wanne, wenn wir das Wasser ablassen wollen, der Abfluss nicht mehr ausreichen. In der Folge steigt der Wasserspiegel. In dieser Situation befinden wir uns heute. Wir emittieren einfach zu viel Kohlendioxid, sodass die Senken, die Weltmeere und die Vegetation – der Abfluss – nicht mehr ausreichen. Aus diesem Grund nimmt die Konzentration von Kohlendioxid immer mehr zu.

Ich möchte auf zwei Argumente eingehen, die häufig von Skeptikern angeführt werden, also von jenen, die bestreiten, dass der Mensch ernsthaft in das Klimageschehen eingreift, ja überhaupt eingreifen kann. Sie gehen zum einen davon aus, dass die natürlichen Kohlenstoffflüsse sehr viel größer sind als die menschliche Störung und wir uns deshalb keine Sorgen zu machen brauchen. Die Weltmeere geben im Normalfall derart viel Kohlendioxid an die Atmosphäre ab, wie sie selbst aufnehmen. Folglich sind die Kohlenstoffflüsse nach dieser Sichtweise also ausbalanciert. Entsprechend spielt die Größenordnung der Flüsse keine Rolle. Dies gilt in dieser Betrachtung auch für die Kohlenstoffflüsse zwischen Land und Atmosphäre.

Anhand des obigen Badewannenbeispiels können wir uns die Unsinnigkeit dieses Arguments verdeutlichen. Stellen wir uns vor, wir drehen den Wasserhahn so weit auf, dass es gerade noch ein Gleichgewicht gibt, also genau die gleiche Menge Wasser in die Badewanne fließt und zugleich durch den Abfluss auch wieder verlässt. Wenn ich jetzt den Hahn nur ein klein wenig weiter aufdrehe, dann wird der Wasserspiegel unweigerlich in der Badewanne steigen. Eine verhältnismäßig kleine Störung hat also eine recht große Änderung zur Folge, die Badewanne würde irgendwann überlaufen. Ähnlich verhält es sich auch mit den Treibhausgasen. Die natürlichen Abflüsse, die Senken, reichen nicht aus, die zusätzlich in die Atmosphäre eingebrachten Mengen an Treibhausgasen aufzunehmen. Als Folge steigen die Konzentrationen der Treibhausgase an, so wie der Wasserspiegel in der Badewanne.

Das zweites Argument, das immer wieder angeführt wird, beinhaltet die Tatsache, dass der Mensch nur einen kleinen Anteil (ungefähr zwei Prozent) an dem gesamten Treibhauseffekt hat. Diese Feststellung ist zwar richtig, sie besagt aber nicht, dass der Einfluss des Menschen deswegen auf das Klima nur gering ist. Wie wir gesehen haben, gibt es einen natürlichen und einen anthropogenen Treibhauseffekt. Der natürliche Treibhauseffekt beträgt etwa 33 Grad, er sorgt dafür, dass wir ein lebensfreundliches Klima haben und unsere Erde keine Eiswüste ist. Nehmen wir jetzt einmal an, dass der anthropogene Treibhauseffekt eine Größenordung von zwei Prozent des natürlichen Treibhauseffekts hat. Dies entspräche einer Temperaturänderung von 0,66 Grad, also in etwa so viel, wie wir tatsächlich in den letzten hundert Jahren beobachtet haben. Mit Zahlenspielen versucht man hier zu suggerieren, dass der Mensch eigentlich gar keinen Einfluss auf das Klima haben kann. Doch die meisten Klimaforscher sind sich einig: Der Mensch ist dabei, das Klima der Erde durch den zusätzlichen Treibhauseffekt nachhaltig zu verändern. Über Details lässt sich gewiss streiten, nicht aber darüber, dass eine Klimabeeinflussung durch den Menschen existiert.

Der Klimasimulator

In der Klimaforschung spielen Klimamodelle eine wichtige Rolle. Insbesondere für die Bewertung der aktuellen Klimasituation wie auch für die Abschätzung zukünftiger Veränderungen sind diese Modelle sehr hilfreich. Mit ihrer Hilfe schaffen wir uns ein Abbild des Klimas, mit dem wir anschließend experimentieren können. Wir vermögen die Erde schließlich nicht in ein Reagenzglas zu stecken, dieses mit Treibhausgasen zu berieseln und dabei zu beobachten, wie die Erde schließlich darauf reagiert. Der Blick in die Zukunft ist nur anhand von Klimamodellen möglich. Ähnlich wie bei einem Flugsimulator können wir mittels der Modelle verschiedene Szenarien durchrechnen, um abzuschätzen, wo wir unter bestimmten Vorgaben »landen« werden. Die Vergangenheit gibt uns hier nur wenige Hinweise, da es in der Geschichte der Menschheit eine Erwärmung, die wir im Begriff sind anzustoßen, noch nicht gegeben hat. Zumindest gab es in den letzten Jahrmillionen kein paläoklimatisches Analogon für die in den nächsten hundert Jahren mögliche Treibhauserwärmung durch den Menschen. Wir sind also auf Modelle angewiesen, wenn wir die

Auswirkungen unseres Einflusses auf das Klima erfahren möchten, aber auch, um mögliche Handlungsoptionen zu entwickeln.

Klimamodelle sind oft der Kritik ausgesetzt, da sie keine hundertprozentige Genauigkeit angeben können. Sie basieren auf den Grundgesetzen der Physik, umgewandelt in mathematische Formeln. Im Prinzip sind diese mathematischen Gleichungen exakt, das heißt, sie bestimmen an jedem Ort und zu jeder Zeit eindeutig die Entwicklung des Klimas, wenn man die Anfangs- und Randbedingungen vorgibt. Es existiert dabei aber eine grundlegende Schwierigkeit: Wir kennen die Lösungen dieser Gleichungen nicht. Wir können die Gleichungen zwar formulieren, sie sind aber derart kompliziert, dass wir die Lösung nicht direkt hinschreiben können. Es gibt aber Verfahren, mit denen man zu Gleichungslösungen kommen kann, die einen annähernden Wert haben. Diese beruhen darauf, dass man die Erde mit einem Gitter überzieht und an jedem Punkt dieses Gitters Berechnungen anstellt. Bei einer angenommenen Maschenweite von etwa dreihundert Kilometern und vielen Stockwerken bei den verschiedenen Komponenten des Klimasystems (Ozean, Atmosphäre) erhält man sehr schnell Hunderttausende von Punkten, an denen man gleichzeitig Berechnungen anstellen muss. Forscherteams wären damit total überfordert. Berechnungen für die nächsten hundert Jahre würden länger dauern als der zu betrachtende Vorhersagezeitraum.

Hier sind Computer hilfreich, die zwar nicht intelligent sind, aber sehr schnell rechnen können. Um Ihnen einen Eindruck von der Geschwindigkeit von Höchstleistungsrechnern zu geben, stellen Sie sich einmal vor, alle Menschen würden auf diesem Planeten zur selben Zeit eine Addition durchführen, eins plus eins zusammenrechnen. Da etwa sechs Milliarden Menschen auf der Erde leben, entspräche diese Rechenleistung in der Sprache der Computerwissenschaftler sechs »Gigaflops«. Die leistungsfähigsten Computer sind heute aber ungefähr noch tausendmal schneller. Mit solchen Supercomputern ist es möglich, entsprechend aufwändige Berechnungen in einer angemessenen Zeit durchzuführen. Die Rechenmaschinen brauchen aber immer noch viele Monate, um die nächsten hundert Jahre zu simulieren. Trotzdem bleiben die Berechnungen grob, da viele Faktoren durch die Maschen fallen. Wenn Sie in den Himmel schauen und sich die Wolken betrachten, dann ist Ihnen sofort klar, dass diese durchaus kleiner als die dreihundert Kilometer des Rechengitters sein können. Man muss daher diese kleinräumigen Prozesse »parametrisieren«, sie mithilfe von Informationen an den einzelnen Gitterpunkten darstellen. Wolkentyp und Grad der Bedeckung etwa hängen stark von der lokalen Temperatur und der Feuchtigkeit ab und können deswegen keineswegs zuverlässig berechnet werden. Details gehen also auch bei den Parametrisierungen verloren, wodurch sich weiterhin Fehler in die Berechnungen einschleichen.

Nun wird immer wieder behauptet, dass diese Unvollständigkeiten die Klimamodelle wertlos machen. Dieses Argument wird auch benutzt, um das Klimaproblem insgesamt zu leugnen. Die Beobachtungen der letzten eintausend Jahre zeigen uns aber, dass der globale Klimawandel schon längst im Gang ist. Darüber hinaus werden die Klimamodelle dauernden Tests unterworfen, und es gibt sogar so etwas wie einen internationalen TÜV, der die Modelle immer wieder überprüft. Mir fällt hierzu immer ein Werbespot eines Möbelhauses ein, den ich des Öfteren im Radio gehört habe. In diesem Spot beklagt sich ein Designersessel darüber, dass man ihn weit unter Preis verkaufen will, bloß weil er stottert. Der Sitzkomfort wäre ja schließlich durch den Sprachfehler nicht beeinträchtigt. So in etwa verhält es sich auch mit den Klimamodellen. Es wird von Kritikern versucht, Fehler in den Modellen nachzuweisen, was zugegebenermaßen nicht schwer ist, und diese dann zum Anlass zu nehmen, alles, was die Modelle simulieren, in Zweifel zu ziehen.

Wir Klimaforscher haben diese Modelle an der Vergangenheit und an dem heutigen Klima getestet. Die atmosphärischen Komponenten der Klimamodelle sind etwas gröber auflösende Wettervorhersagemodelle, die Tag für Tag und 365 Tage im Jahr mit der Realität verglichen werden. Inzwischen beginnt man mit den Modellen auch erfolgreiche Jahreszeitenvorhersagen durchzuführen, ebenso – wie schon gesagt – Prognosen über El Niño-Ereignisse abzugeben. Dabei macht man eine interessante Beobachtung, die man auch schon bei der Wettervorhersage festgestellt hat. Wenn man nämlich die Vorhersagen der verschiedenen Modelle mittelt, erhöht sich die Qualität der Prognose gewaltig. Die so ermittelte Konsensvorhersage ist im Allgemeinen jeder einzelnen Prognose überlegen. Es macht daher Sinn, die verschiedenen Vorhersagen zum globalen Wandel ebenfalls zu mitteln.

Viele Wirtschaftswissenschaftler versichern mir immer wieder, wie glücklich sie wären, wenn sie derart gute Modelle hätten wie wir in der Klimaforschung. Wir können den Modellen vertrauen, zumindest wenn es um die langfristigen und globalen Aspekte des Klimawandels geht.

Der Fingerabdruck des Menschen

Die extremen Wettergeschehnisse in den letzten Jahren lassen die Klimaproblematik nicht nur in den Blickpunkt des öffentlichen, sondern auch des politischen Interesses rücken. Bei der Frage, ob politisches Handeln jetzt schon notwendig ist, ist entscheidend, wie gesichert der Nachweis ist, dass der Mensch Einfluss auf das Klima nimmt. Alle Anzeichen sprechen dafür, dass der Mensch das Klima verändert. Der vermehrte Ausstoß klimarelevanter Spurengase, vor allem von Kohlendioxid, wurde schon genannt. Weitere anthropogene Einflussfaktoren sind Sulfat-Aerosole und Ruß. Sulfat-Aerosolpartikel entstehen durch industrielle Schwefelemissionen in die Atmosphäre, sie reflektieren einen Teil der Sonneneinstrahlung und bewirken dadurch regional eine Abkühlung.

Aber wie genau hat man letztlich den Nachweis erbracht, dass der Mensch das Klima beeinflusst? Im Prinzip verfahren Klimaforscher ähnlich wie Kriminalisten. Um Verbrecher dingfest zu machen, bedient man sich häufig des menschlichen Fingerabdrucks, der für jeden Menschen einmalig ist und ihn daher eindeutig identifiziert. In jüngster Zeit greift man verstärkt auf den genetischen Fingerabdruck zurück, da auch die DNA eines jeden Menschen eine Erkennung ermöglicht. Die Idee, die hier verfolgt wird, ist analog. Jeder Einflussfaktor, der das Klima verändern kann, hat eine bestimmte Ausprägung, sei es räumlich oder zeitlich. Wir ermitteln die Fingerabdrücke der verschiedenen Einflussfaktoren, seien es natürliche oder anthropogene, mithilfe von Klimamodellsimulationen und versuchen diese dann in den gemachten Beobachtungen nachzuweisen. Darüber hinaus muss man die natürliche Schwankungsbreite des Klimas kennen, um eine sinnvolle Abschätzung des menschlichen Anteils an der beobachteten Klimaänderung durchführen zu können.

Es sind aber besonders die dekadischen Klimaschwankungen, die natürlichen Abweichungen von Jahrzehnt zu Jahrzehnt, welche die Erkennung des anthropogenen Treibhauseffekts erschweren. Da die Temperatur der Erde gerade in den letzten dreißig Jahren nahezu sprunghaft angestiegen ist, stellt sich die Frage, ob dieser Trend noch mit einer natürlichen dekadischen Klimaschwankung verträglich ist oder schon außerhalb der natürlichen Schwankungsbreite liegt. Wegen der kurzen zur Verfügung stehenden Messreihen ist die Schwankungsbreite des Klimas nur sehr schwer aus Beobachtungen zu bestimmen. Klimamodelle können hier weiterhelfen. Dabei rechnet man die Modelle in so genannten Kontrollsimulationen mit festen Spurengaskonzentrationen, um einen Eindruck über die natürliche Schwankungsbreite des Klimas zu erhalten – und zwar über einen Zeitraum von Jahrtausenden. Wichtig dabei ist, dass das Modell die wenigen bekannten Aspekte dekadischer Klimaschwankungen realistisch simuliert. Nur so ist eine verlässliche Abschätzung des »Klimarauschpegels« zu bekommen. Dazu sind Klimamodelle aber in der Lage.

Die Qualität der Modelle kann man beispielsweise dadurch überprüfen, indem man das Verhalten von sehr langen Temperaturreihen an bestimmten Beobachtungsstationen mit dem im Modell simulierten vergleicht. Dabei reichen die Messreihen an einigen Beobachtungsstationen mehr als zweihundert Jahre zurück. Längere Zeitreihen liefert uns auch die Paläoklimatologie. Insbesondere kann man die dekadische Variabilität im nordatlantischen Raum relativ gut rekonstruieren und mit der in den Modellen simulierten vergleichen. Um abzuschätzen, wie das Klimasystem auf die Änderung der chemischen

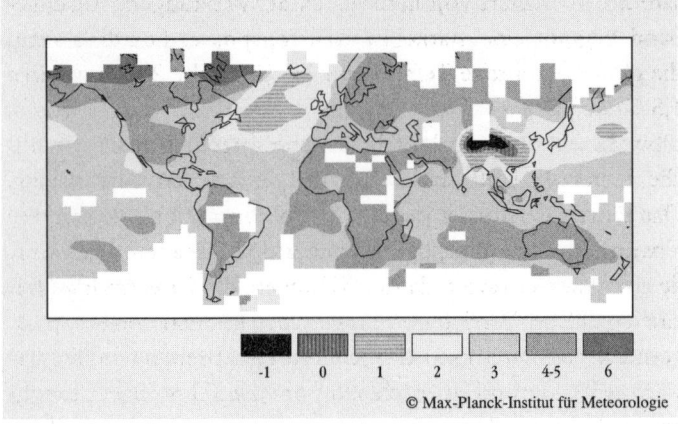

Der Fingerabdruck des Menschen ermittelt aus Klimamodellrechnungen. Der Fingerabdruck ist nur dort gezeigt, wo es auch genügend Beobachtungsdaten gibt, um ihn nachzuweisen.

Zusammensetzung der Atmosphäre reagiert, um also den menschlichen Fingerabdruck zu bestimmen, wurden Simulationen von 1880 bis Ende des letzten Jahrhunderts durchgeführt. Die beobachteten Änderungen der Konzentrationen von Kohlendioxid und weiterer Treibhausgase sowie die Konzentrationen von Sulfat-Aerosolen wurden für die Gegenwart vorgegeben. Für die Zukunft, also bis 2050, wurden die Treibhausgas- und Aerosolkonzentrationen gemäß einer möglichen Entwicklung der anthropogenen Emissionen vorgeschrieben, nach dem sich die Konzentrationen der Spurengase weiter erhöhen. Das Ergebnis: In den Modellsimulationen steigt die mittlere oberflächennahe Temperatur der Erde bis 1980 langsam an, überlagert von natürlichen Schwankungen. Anschließend beginnt eine starke Erwärmungsphase. Letztlich steigt die global gemittelte Temperatur bis zum Jahr 2050 um zirka 1,8 Grad an.

Obwohl wir von globaler Erwärmung sprechen, gibt es deutliche regionale Unterschiede in der simulierten Erwärmung. Das räumliche Muster der Klimaänderung zeigt eine stärkere Erwärmung über dem Land als über den Ozeanen. Dies wurde aber auch erwartet, da die Weltmeere die Erwärmung über einen größerer Bereich vertikal verteilen können und so verzögernd wirken. In den nördlichen mittleren Breiten wird die Erwärmung aufgrund eines lokalen Aerosoleffekts abgeschwächt wie auch über anderen Gebieten mit sehr starkem Aerosoleintrag. Über China wird sich der abkühlende Effekt durch die Aerosole sogar noch verstärken, aufgrund des angenommenen zukünftigen starken Einsatzes von Kohle und der damit verbundenen Luftverschmutzung. In den hohen Breiten der Nordhalbkugel findet man die rasanteste Erwärmung. Auch dieses Resultat war zu erwarten gewesen, weil durch das Schmelzen von Schnee und Eis weniger helle Flächen zur Verfügung stehen, um die Sonnenstrahlung zu reflektieren – wodurch es zu einer weiteren Erwärmung in diesen Regionen kommt. Es macht also durchaus Sinn, von einem Fingerabdruck zu sprechen, da das zu erwartende Erwärmungsmuster infolge anthropogener Einflüsse in der Tat charakteristische räumliche Unterschiede aufweist.

Mit den zeitabhängigen Klimaänderungssimulationen auf der einen und den langjährigen Kontrollsimulationen auf der anderen Seite stehen wertvolle neue Informationen zum statistischen Nachweis des anthropogenen Treibhauseffekts zur Verfügung. Sie liefern eine Voraussage der räumlichen und zeitlichen Entwicklung des anthropogenen Klimaänderungsmusters, also den Fingerabdruck des Menschen im Klimage-schehen, und sie erlauben es, die statistischen Eigenschaften der internen Klimavariabilität, des Klimarauschens, abzuschätzen. Bleibt immer noch die Frage, inwieweit die registrierte Erwärmung der letzten Jahre mit natürlichen Klimaschwankungen vereinbar ist. Wenn die beobachtete Erwärmung außerhalb eines festgelegten Vertrauensintervalls liegt, in dem sich zum Beispiel 95 Prozent der internen, das heißt der nicht durch den Menschen verursachten Klimaschwankungen abspielen, schließen wir mit einem statistischen Risiko von fünf Prozent aus, dass es sich bei der Erwärmung um eine natürliche Klimaschwankung handelt. Im Umkehrschluss können wir dann festhalten, dass mit einer Wahrscheinlichkeit von 95 Prozent die Erwärmung auf den Menschen zurückgeht.

Ebenso könnte man auch die mittlere globale Temperatur für den statistischen Nachweis des anthropogenen Treibhauseffekts nehmen. Allerdings kann man ein anthropogenes Treibhausgassignal verlässlicher vom Klimarauschen trennen, wie auch frühzeitiger entdecken, wenn man zusätzlich die räumliche Struktur der Klimaänderung, also deren Fingerabdruck, berücksichtigt. Dabei reduzieren wir durch einen Vergleich der beobachteten Temperaturänderungsmuster mit dem Fingerabdruck – in der Mathematik spricht man von einem »Skalarprodukt« – die Betrachtung auf eine einzige Zahl, die man als »Nachweisgröße« bezeichnet. Diese Nachweisgröße nimmt einen hohen Wert an, wenn der Fingerabdruck deutlich in den Beobachtungen zu erkennen ist sowie einen relativ kleinen Wert im umgekehrten Fall. Die Chancen, eine anthropogene Klimaänderung nachzuweisen, erhöhen sich weiter, wenn der Fingerabdruck derart verändert wird, dass er natürliche Klimaschwankungen unterdrückt: Man spricht dann von einem »optimalen Fingerabdruck«. Dabei werden die Gebiete des Fingerab-

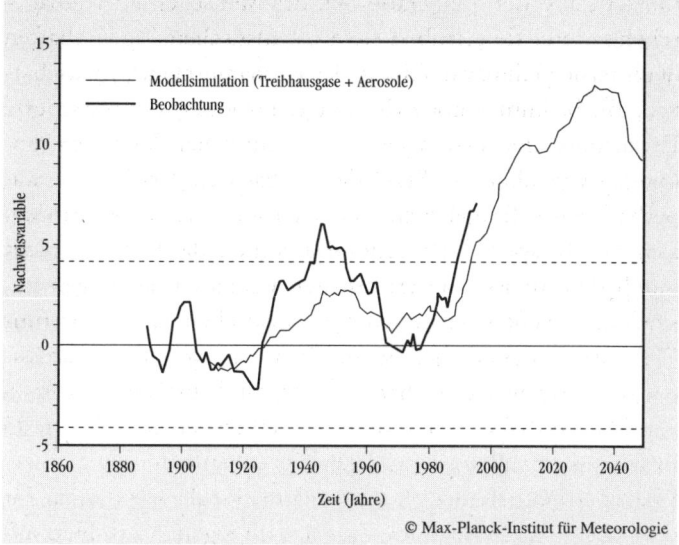

Zeitliche Entwicklung der Nachweisgröße in dreißigjährigen Temperaturtrends in den Beobachtungen (durchgezogene dickere Linie) und in der
Modellwelt (durchgezogene dünne Linie). Die beiden gestrichelten horizontalen Linien geben den Vertrauensbereich von 95 Prozent an.

drucks, die starkes Rauschen aufweisen, mithin durch eine starke natürliche Variabilität gekennzeichnet sind, weniger gewich-
tet als solche, die sich durch eine relativ schwache, aber natürliche Klimavariabilität auszeichnen. Man spricht dann davon,
dass man das »Signal-zu-Rausch-Verhältnis« maximiert. Man
schaut gewissermaßen dorthin, wo die natürlichen Klimaschwankungen eher schwach und das zu suchende anthropogene Treibhaussignal eher stark ist.
Die Fingerabdruckmethode haben wir auf das räumliche Muster von zeitlichen Trends der beobachteten oberflächennahen

Lufttemperatur angewendet, die über dreißig Jahre berechnet wurden. Die Analyse wurde nur in Gebieten durchgeführt, in denen von einer soliden Beobachtungsbasis ausgegangen werden kann. Eine solche existiert vor allem in großen Teilen der Südhalbkugel nicht.

Der Wert, der in der Abbildung auf Seite 105 bei 1994 eingetragen ist, entspricht dabei einem optimalen Fingerabdruck mit dem Muster der Temperaturtrends, die von 1965 bis 1994 beobachtet wurden. Es wird also der Trend betrachtet, die Rate mit der sich die Temperatur innerhalb eines Jahreszeitraums von dreißig Jahren verändert, nicht die Temperatur selbst. Damit bringen wir auch eine zeitliche Komponente in unsere Analyse ein. Wir vergleichen das Muster der Veränderung der beobachteten Temperatur mit dem optimalen Fingerabdruck. Letzterer wurde natürlich auch aus den zeitlichen Trends der simulierten Temperatur errechnet. Je besser der Vergleich der beiden Muster ist, umso größer ist der Wert der Nachweisgröße. Die beiden horizontalen Linien bezeichnen die Grenzen der aus den verschiedenen Kontrollsimulationen und den Beobachtungen gewonnenen Vertrauensintervalle von 95 Prozent für die natürliche Klimavariabilität. Nur wenn die Nachweisgröße aus diesem Band heraustritt, können wir davon sprechen, dass der menschliche Fingerabdruck mit der sehr hohen Wahrscheinlichkeit von 95 Prozent in den Beobachtungen nachgewiesen worden ist.

Die Abbildung zeigt auf, dass die Nachweisgröße seit kurzem das Band des natürlichen Rauschens verlassen hat. Damit können wir die Hypothese, dass der in den Jahren 1965 bis 1994 beobachtete Anstieg der oberflächennahen Lufttemperatur ein Teil der natürlichen Variabilität ist, mit einem Risiko von weniger als fünf Prozent zurückweisen. Die durchgezogene dünne Kurve stellt den Verlauf der Nachweisgröße dar, wie er vom

Klimamodell vorhergesagt wird, wobei die Schwankungen hier durch Mitteln von zwei Experimenten mit verschiedenen Anfangsbedingungen reduziert sind. Die derzeitige anomale Höhe der Nachweisgröße in den Beobachtungen stimmt mit der Modellvorhersage überein.

Damit ist nachgewiesen, dass der Mensch mit einer Wahrscheinlichkeit von über 95 Prozent an dem Temperaturanstieg der letzten Jahrzehnte maßgeblich beteiligt ist. Neueste Berechungen unter zusätzlicher Berücksichtigung der Erforschungen der letzten zehn Jahre kommen zu Wahrscheinlichkeiten bis zu 99 Prozent. So hohe Wahrscheinlichkeiten verweisen auf eine gesicherte Erkenntnis. Interessant ist auch, dass sowohl bei den Beobachtungen als auch bei der Modellsimulation die Nachweisgröße um die letzte Jahrtausendwende den Bereich der natürlichen Schwankungen verlässt. Der Fingerabdruck des Menschen im heutigen Klima ist nicht mehr abzustreiten.

Ähnliche Betrachtungen, die hinsichtlich eines Fingerabdrucks der Sonne gemacht wurden, zeigen, dass diese die Erwärmung der letzten Jahrzehnte nicht erklären. Trotz der hohen Unsicherheit in unserer Kenntnis der Geschichte der solaren Schwankungen, der Vulkaneruptionen und anderer Ereignisse, scheint eine Erklärung der derzeitigen Erwärmung durch diese natürlichen Faktoren äußerst unwahrscheinlich. Diese Einsicht erhält man auch durch einen Vergleich der Störungen in der Strahlungsbilanz: Während der Sonneneinfluss seit dem 18. Jahrhundert eine Größenordnung von 0,6 W/m^2 hat, beträgt der Effekt durch den Menschen infolge des massiven Ausstoßes von Treibhausgasen und Aerosolen heute schon mindestens 2 W/m^2.

Die große Übereinstimmung der Beobachtungen mit den Modellrechnungen zum anthropogenen Treibhauseffekt wie auch die Ergebnisse weiterer amerikanischer und britischer Studien, in denen die vertikale Struktur der festgestellten Temperaturänderung in der Atmosphäre analysiert wurde, lassen nur den Schluss zu, dass die festgestellte signifikante Erwärmung tatsächlich mit dem Anstieg der anthropogenen Treibhausgaskonzentrationen in Verbindung steht. Weitere Untersuchungen, in denen auch die Erwärmung der Ozeane miteinbezogen wurde, unterstützen diese Erkenntnisse. Insgesamt liegt die Wahrscheinlichkeit eines Irrtums bei nur einem Prozent. Dies bedeutet, dass mit an Sicherheit grenzender Wahrscheinlichkeit allein der Mensch als Hauptverursacher der globalen Erderwärmung infrage kommt.

Wenn wir so weitermachen wie bisher

Wir können also davon ausgehen, dass der Mensch das Klima verändert. Infolge der Trägheit des Klimas und des anzunehmenden weiteren Ausstoßes von Treibhausgasen durch uns Menschen wird sich in den nächsten Jahrzehnten unser Klima noch mehr erwärmen. Der Zwischenstaatliche Ausschuss für Klimaveränderungen (IPCC) prognostiziert für den Zeitraum bis 2100 eine Erderwärmung von 1,4 bis 5,8 Grad im globalen Mittel. In den Medien wurde vor allem die obere Grenze von 5,8 Grad diskutiert, da sie in der Tat besorgniserregend wäre. Dann hätten wir im Jahr 2100 eine Temperaturänderung realisiert, die noch stärker als der Temperaturunterschied von der letzten Eiszeit bis heute wäre. Das Forschergremium zum Klimawandel prognostiziert weiterhin, dass sich alle relevanten

Wetterextreme häufen werden. So werden wir öfters mit lang anhaltenden sommerlichen Trockenperioden rechnen müssen, aber auch mit häufiger auftretenden sintflutartigen Niederschlägen und damit mit mehr Hochwasser. Die Auswirkungen einer derart starken Erderwärmung sind besonders für die Landwirtschaft unübersehbar. Unwetter verhageln den Bauern schon jetzt überall auf der Welt die Ernten, anderswo sorgen extreme Dürren für Ernteausfälle. Allein die volkswirtschaftlichen Schäden durch Überschwemmungen, Stürme und andere Wetterextreme beliefen sich weltweit auf 36 Milliarden Euro im Jahr 2001.

Die Stärke und Geschwindigkeit dieser Klimaveränderung wäre nach allem, was wir heute über Ökosysteme wissen, ein enormer Stress, dem die Natur ausgesetzt wäre. Berechnungen verschiedener Institute kommen zu dem Ergebnis, dass man bei uns in Deutschland auch mit einem Waldsterben rechnen muss. Man muss aber auch sagen, dass man sämtliche Auswirkungen noch nicht genau bestimmen kann, da wir viele, vor allem biologische Prozesse, noch nicht genau genug verstanden haben.

Aber auch für uns Menschen wäre eine Erwärmung von 5,8 Grad alles andere als wohltuend. Erinnern wir uns an den menschlichen Fingerabdruck der Erwärmung, der in der Abbildung auf Seite 102 gezeigt ist. Es ist festgestellt worden, dass sich die Landregionen stärker erwärmen als die Regionen über dem Meer. Dies bedeutet, dass sich über Deutschland die Temperatur um deutlich mehr als sechs Grad erwärmen würde. Wir müssten daher im Sommer mit Temperaturen von weit über vierzig Grad rechnen und mit einer Schwüle, die wir bislang in unseren Breiten nicht kennen gelernt haben. Unsere Lebensgrundlagen würden sich also drastisch wandeln – und ich fürchte zu unserem Nachteil. Kranke und ältere Menschen sowie Kinder wären besonders davon betroffen, weil es stets die Schwachen sind, die als Erste die Veränderungen spüren. Einen Vorgeschmack auf das, was auf uns zukommen kann, hat uns der Sommer 2003 gegeben.

Die vom IPCC vorgestellten Berechnungen zeigen aber auch, dass man die Klimaänderungen dennoch auch vergleichsweise klein halten kann. Die untere Grenze der vorausgesagten Erderwärmung bis zum Jahr 2100 könnte auch nur 1,4 Grad betragen. Nun werden Sie sich zu Recht fragen, ob die Klimamodelle denn so unterschiedliche Ergebnisse hervorbringen, dass man einen derart großen Unsicherheitsbereich angeben muss. Die Modelle sind hierbei aber nicht das Problem, sondern die Menschen selbst, beziehungsweise die Gestaltung unseres weiteren Lebens. Wenn wir Berechnungen für das Klima bis zum Ende dieses Jahrhunderts durchführen, dann müssen wir wissen, wie sich die Konzentrationen der atmosphärischen Spurengase bis zum Jahr 2100 entwickeln werden, um die Klimamodelle mit entsprechenden Daten zu füttern. Diese Daten wiederum werden davon abhängen, welche Menge an fossilen Brennstoffen wir weltweit verbrauchen, ob wir es schaffen, erneuerbaren Energien zum Durchbruch zu verhelfen und auch davon, wie sich die Weltbevölkerung in Zukunft entwickelt. Schließlich wird natürlich auch der Umfang des Klimaschutzes, den wir umzusetzen vermögen, die Treibhausgaskonzentrationen mitbestimmen. Derartige Vorhersagen sind aber praktisch unmöglich. Niemand weiß heute, welche Richtung wir Menschen in den nächsten hundert Jahren einschlagen werden.

Man hat daher Szenarien entwickelt, um die zukünftigen Verläufe der Spurengasemissionen zu ermitteln. Ein typisches Beispiel eines derartigen Szenariums wird als »business as usual« (BAU) bezeichnet. In diesem nimmt man an, dass sich die

Menschheit im Wesentlichen so verhält wie bisher, also die Treibhausgasemissionen und die entsprechenden Konzentrationen in den nächsten Jahrzehnten weiterhin stark ansteigen werden. Ein BAU-Szenarium umfasst daher unter anderem das Verbrennen großer Mengen von fossilen Brennstoffen und einen damit verbundenen massiven Ausstoß von Kohlendioxid. Es gibt auch optimistischere Annahmen über unser zukünftiges Verhalten; in diesen Szenarien steigen die Emissionen dann nur noch wenig an. Im besten Fall wird dabei eine Stabilisierung der CO_2-Konzentration bei etwa 500 ppm im Jahr 2100 erreicht, sodass es noch nicht einmal zu einer Verdopplung des vorindustriellen Wertes von 280 ppm kommt.

Wenn man also so unterschiedliche Annahmen über die zukünftige Entwicklung des Ausstoßes von Spurengasen wie auch Sulfat-Aerosolen in die Atmosphäre in die Klimamodelle eingibt, dann verwundert es auch nicht, dass die Spanne von Ergebnissen, die man erhält, recht groß ist. In einem BAU-Szenarium wird man eher größere Temperaturerhöhungen erhalten als in einem optimistischeren Szenarium. Allerdings muss an dieser Stelle auch gesagt werden, dass die verschiedenen Klimamodelle selbst dann voneinander abweichende Resultate liefern, wenn sie alle mit demselben Szenarium berechnet werden. Diese Modellunsicherheit ist aber deutlich kleiner als die Unsicherheit, die durch die verschiedenen Szenarien induziert wird. Lassen Sie uns auf die Zahl von 1,4 Grad für die Erderwärmung bis zum Jahr 2100 zurückkommen. Diese Zahl ist ja vom IPCC als untere Grenze für die Erderwärmung für die kommenden hundert Jahre angegeben worden. Obwohl diese Zahl in den Medien nicht sonderlich beachtet wurde, die Obergrenze von 5,8 Grad klingt natürlich dramatischer, ist sie meiner Ansicht nach die wichtigere Zahl, denn sie besagt, dass wir selbst unter der Annahme eines optimistischen Szenariums und der

Verwendung eines Klimamodells, das eher weniger stark auf den Anstieg der Treibhausgaskonzentrationen reagiert, mit einer weiteren Erderwärmung von 1,4 Grad in den nächsten einhundert Jahren zu rechnen haben. Erinnern wir uns, dass die Temperatur innerhalb der letzten hundert Jahre um etwa 0,8 Grad angestiegen ist. Dies bedeutet, dass man wohl davon ausgehen muss, dass wir auf jeden Fall von einer weiteren Erderwärmung ausgehen müssen, die mindestens doppelt so groß ist, wie die, die wir im letzten Jahrhundert beobachtet haben. Wahrscheinlicher ist aber eine deutlich höhere Erwärmung. Dies bedeutet, dass wir uns schon heute Gedanken darüber machen müssen, wie wir uns auf diese Erderwärmung in den kommenden Jahrzehnten einstellen können.

Dafür ist es wichtig, dass wir uns noch einmal vor Augen führen, was eine weitere Erderwärmung für Konsequenzen hätte. Betrachten wir den Meeresspiegel: Wird der Kölner Dom wirklich im Wasser versinken, wie das montierte Titelbild des *Spiegel* 1986 zeigte? Der IPCC spricht hinsichtlich des Meeresspiegels von einem weltweiten Anstieg in den nächsten hundert Jahren in einer Größenordnung von neun bis 88 cm, mit einem wahrscheinlichsten Wert von knapp einem halben Meter. Dies wird uns in Deutschland vermutlich nicht besonders treffen, für einige Inselstaaten im Indischen und Pazifischen Ozean würde ein Meeresspiegelanstieg von einem halben Meter eine massive Bedrohung bedeuten. Dabei dürfen wir nie außer Acht lassen, dass die Klimaänderung auch nach 2100 anhält und insbesondere der Meeresspiegel noch viele Jahrhunderte lang ansteigen wird.

Stärker wird uns in Deutschland die kurzfristige Zunahme von Wetterextremen treffen. Fast alle Klimamodelle simulieren unter Verwendung typischer BAU-Szenarien – das heißt, wenn wir in etwa so weitermachen wie bisher –, dass sich unabhängig von der Jahreszeit die Wetterextreme häufen werden. Dies gilt sowohl für die sommerlichen Trockenperioden, die länger werden, wie auch für die Starkniederschläge, die sich intensivieren und noch häufiger auftreten werden. Davon sind praktisch alle Landregionen der mittleren und höheren Breiten der Nordhalbkugel betroffen. Die mittleren Jahresniederschläge werden sich in Deutschland vermutlich nicht stark ändern, die Anzahl der Regentage wird aber deutlich abnehmen. Daraus folgt, dass sich die Starkniederschläge häufen werden. Unsere Winter werden immer milder und schnee- sowie frostärmer, während im Sommer immer neue Hitzerekorde erklommen werden. Im Winter wird es über Nordeuropa und möglicherweise auch über Deutschland vermehrt Stürme geben. Einzelne Gewitter werden heftiger, sodass auch mit einem heftigeren Hagelschlag zu rechnen ist. Insgesamt führen diese Veränderungen zu einer Erhöhung der Hochwassergefahr, im Sommer wie auch im Winter.

In den Bergen werden sich die Gletscher weiter zurückziehen. Die meisten Alpengletscher wären schon in fünfzig Jahren unter Annahme eines BAU-Szenariums verschwunden. Die Permafrostgebiete, das sind Regionen, in denen die Böden praktisch das ganze Jahr über gefroren sind und nur oberflächlich im Sommer leicht antauen, werden sich ebenfalls zurückziehen. Die Folgen im Gebirge wären unübersehbar, da der Rückzug des Permafrosts die Stabilität ganzer Berglandschaften gefährden könnte. Bis jetzt nicht gekannte Hangabrutschungen und Murenabgänge, das sind Schlamm- und Geröelllawinen, könnten die Folgen sein.

Beobachtungen der Meeresoberflächentemperatur im tropischen Pazifik für die letzten einhundertfünfzig Jahre zeigen eine Verstärkung der interannualen Variabilität, der Schwankungen von Jahr zu Jahr. So wurde zum Beispiel das »Jahrhundert-El-Niño-Ereignis« 1982 noch vom El Niño-Phänomen aus dem Jahr 1997 übertroffen. Ferner ist eine Häufung von El Niño-Situationen in den neunziger Jahren des letzten Jahrhunderts zu verzeichnen. Es drängt sich daher die Frage auf, inwieweit der anthropogene Treibhauseffekt ENSO beeinflusst. Um diese Frage näher zu untersuchen, haben der Physiker Axel Timmermann, einige weitere Mitarbeiter und ich eine Treibhaussimulation mit einem Klimamodell, das ENSO realistisch simuliert, analysiert und im Fachmagazin *Nature* publiziert. Dabei wurde bei dem Modell mit Berechnungen aus dem Jahr 1860 gestartet und mit beobachteten Treibhausgaskonzentrationen angetrieben. Zukünftige Konzentrationen wurden bis zum Jahr 2100 entsprechend einem BAU-Szenarium des IPCC vorgeschrieben. Die Veränderungen in der Meeresoberflächentemperatur des tropischen Pazifiks infolge des anthropogenen Treibhauseffekts sind denen sehr ähnlich, die während eines El Niño-Ereignisses zu beobachten sind: Der Ostpazifik erwärmt sich mit etwa drei Grad bis zum Jahr 2100 sehr viel stärker als der Westpazifik, dessen Temperatur sich nur um etwa ein Grad erhöht. Dies bedeutet, dass Situationen, die El Niño gleichen, künftig sehr viel häufiger auftreten werden, falls der weltweite Ausstoß von Treibhausgasen, vor allem des Kohlendioxids, nicht drastisch gesenkt wird. Dem langfristigen Erwärmungstrend im Ostpazifik ist eine zunehmende interannuale Variabilität überlagert, wobei sich vor allem die kalten Ereignisse, die La Niñas, verstärken. Vorläufige Ergebnisse deuten an, dass Modifikationen in den Meeresströmungen der Subtropen die Veränderungen in der Statistik der interannualen Variabilität hervorrufen.

Verlieren wir unsere Zentralheizung?

Eine weitere mögliche Auswirkung des globalen Klimawandels, die momentan sehr intensiv in der Wissenschaft, aber auch in der Öffentlichkeit diskutiert wird, ist die Veränderung des Golfstrom-Systems. In der öffentlichen Diskussion spricht man oft auch verkürzt nur vom Golfstrom. Das Golfstrom-System hat zwei Komponenten, eine windgetriebene und eine dichtegetriebene. Letztere wird in der Klimaforschung auch als atlantische »thermohaline Zirkulation« bezeichnet. Sie ist ein wichtiger Faktor, der das Klima Nord- und Mitteleuropas bestimmt und für relativ milde Temperaturen bei uns sorgt. So ist in Skandinavien, aber auch in Teilen Deutschlands, die über das Jahr gemittelte Temperatur etwa fünf bis zehn Grad höher als das typische Breitenkreismittel, was in großem Maße auf die Existenz des thermohalinen Astes des Golfstrom-Systems zurückzuführen ist. Die thermohaline Zirkulation wird in hohen Breiten der nördlichen Hemisphäre angetrieben, wo die Wassermassen durch winterliche Abkühlung in große Tiefen absinken. Diese kalten Wassermassen strömen dann nach Süden. An der Oberfläche fließt dafür relativ warmes tropisches Wasser nach Norden, sodass man auch oft von einem atlantischen »Förderband« spricht. Ein wichtiger Aspekt für die Existenz der atlantischen thermohalinen Zirkulation ist der Salzgehalt. Er muss groß genug sein, damit die Dichte in hohen Breiten ausreichend ist, um das Absinken der kalten Wassermassen zu ermöglichen. So besitzt der atlantische Ozean im Vergleich zum Pazifik einen deutlich höheren Salzgehalt, und dies ist der Grund dafür, dass es eine vergleichbare thermohaline Zirkulation im Pazifik nicht gibt.

Die mit den Golfstrom-System verbundene, in den Nordatlantik transportierte Wärmemenge, beträgt in etwa der Leistung einer halben Million großer Kraftwerke, also etwa eine Milliarde Megawatt. Veränderungen in der Stärke der thermohalinen Zirkulation haben daher eine unmittelbare Relevanz für unser Klima. Da der Salzgehalt eine wichtige Rolle für die thermohaline Zirkulation spielt, ist sie im Prinzip auch anfällig gegenüber Veränderungen in den Niederschlagsmustern, aber auch gegenüber dem Schmelzen großer Eismassen, beides Prozesse, die durch die globale Erwärmung beeinflusst werden. Aber die Erwärmung selbst hat ebenso einen Einfluss auf die Dichte des Wassers und beeinflusst daher auch die thermohaline Zirkulation. Wir erwarten infolge der globalen Erwärmung eine Zunahme der Niederschläge in den hohen Breiten; zusammen mit dem Schmelzen der grönländischen Eismassen sind hier Prozesse im Gange, die die Oberflächendichte des Meerwassers reduzieren und damit das Absinken erschweren. Dies kann zu einer Abschwächung, möglicherweise auch zu einem Kollaps der thermohalinen Zirkulation führen.

Dabei gibt es Schwellenwerte, bei deren Überschreitung das System »kippen« kann, wo es also spontan in einen neuen Zustand übergeht. In der Mathematik spricht man dabei von einer »Bifurkation«. Eine derartige Bifurkation kann zum Beispiel den Kollaps der thermohalinen Zirkulation bewirken, wenn eine kritische Menge an Süßwasser, die infolge verstärkter Niederschläge und Eisschmelze in den Nordatlantik gelangt, überschritten wird. Die thermohaline Zirkulation springt aber nicht sofort wieder an, wenn man die Störung, den Eintrag von Süßwasser, reduziert. Es kann sogar sehr lange dauern, bis sich erneut eine thermohaline Zirkulation einstellt.

Ob wir uns heute tatsächlich in der Nähe eines derartigen Schwellenwertes bewegen, ist ungewiss. Vermutlich sind wir noch relativ weit von einer Bifurkation entfernt. Das Klima der letzten Jahrtausende war sehr stabil, was darauf hindeuten könnte, dass wir uns nicht in unmittelbarer Nähe eines Schwellenwertes befinden. Falls das Golfstrom-System nämlich nicht weit von einem Bifurkationspunkt entfernt wäre, dann würden im Allgemeinen zufällige Wetterschwankungen ausreichen, um rasche Umstellungen in der Ozeanzirkulation und damit des Klimas auszulösen. Unser Systemverständnis sagt uns aber, dass wir durchaus einen derartigen Schwellenwert erreichen können, wenn man ein typisches BAU-Szenarium annimmt. Man erkennt also, dass das Klima durchaus Überraschungen bereithält, wenn man es zu stark stört.

In den Rechnungen zum globalen Klimawandel für die nächsten hundert Jahre wird von den Klimamodellen nur eine moderate Abschwächung des Golfstrom-Systems simuliert, die in einer Größenordnung von maximal zwanzig bis dreißig Prozent liegt. Dies äußert sich dann in einem Minimum der Erwärmung über dem Nordatlantik.

Für Europa hat diese Abschwächung nur eine geringe Bedeutung; die Modelle simulieren aber immer noch eine starke Treibhauserwärmung. Wenn wir jedoch über das Jahr 2100 hinausschauen und sollten die atmosphärischen Treibhausgaskonzentrationen dann immer noch weiter ansteigen – sollte die CO_2-Konzentration nun beispielsweise über 1000 ppm liegen –, dann nimmt die Wahrscheinlichkeit zu, dass wir einen »Bifurkationspunkt« erreichen und es zu einem Kollaps der thermohalinen Zirkulation kommt. Der Wärmetransport durch das Golfstrom-System würde sich also drastisch abschwächen und damit zunächst der Treibhauserwärmung im Bereich des Nordatlantiks und Teilen Europas entgegenwirken. Langfristig aber, wenn sich die atmosphärischen Treibhausgaskonzentrationen wieder normalisiert haben sollten, weil alle fossilen Brennstoffe verfeuert sind, bleibt die thermohaline Zirkulation abgestellt und es kann dann in der Tat sogar zu einer deutlichen Abkühlung über Europa kommen. Eine derartige Bifurkation könnte uns in Europa innerhalb kurzer Zeit von einer Heißzeit in eine Kaltzeit befördern. Diese Kaltphase könnte Jahrhunderte andauern und hätte vermutlich ähnlich starke Auswirkungen auf die Erde wie die Treibhauserwärmung.

Im Jahr 2500 wird man an uns denken

Wir sehen also, dass wir in den nächsten hundert Jahren Veränderungen anzustoßen vermögen, die sich noch viele Jahrhunderte später auf das Klima auswirken können. Dies gilt aber auch für die Umwandlungen, die wir schon heute ausgelöst haben. Das Klima reagiert jedoch sehr träge auf äußere Anstöße. Insbesondere der Meeresspiegel ist eine Komponente im Klimasystem, die nur sehr langsam Wirkung zeigt. Anhand zweier Simulationen lässt sich dies genauer betrachten, die von den Klimaforschern Georg Hooss und Klaus Hasselmann vom Hamburger Max-Planck-Institut für Meteorologie mit einem vereinfachten Klimamodell gerechnet wurden. Wichtig ist in diesen Simulationen, dass wir auch den Zeithorizont jenseits der nächsten hundert Jahre betrachten. Hooss und Hasselmann benutzten zwei typische vom IPCC vorgeschlagene BAU-Szenarien für ihre Simulationen, die mit den Buchstaben C und E bezeichnet werden (siehe dazu folgende Abbildung). Dabei steigen die CO_2-Emissionen in die Atmosphäre unter

der Annahme, dass alle verfügbaren fossilen Ressourcen verfeuert werden. In der ersten Simulation werden 4000 GtC
(GtC ist eine Mengenangabe: Gigatonne Kohlenstoff; Kurve C) verfeuert. Dies entspricht in etwa dem, was man für die
konventionellen fossilen Brennstoffe (Erdöl, Erdgas, Kohle)
als Ressourcen geschätzt hat. In der zweiten Simulation sind
die Emissionen mit 15 000 GtC (Kurve E) sogar noch deutlich
höher, weil man in diesem Szenarium angenommen hat, dass
auch »exotische« Vorkommen verfeuert werden, wie beispielsweise Schwer- und Schieferöle oder Teersand.

Wenn nun sämtliche Reserven verfeuert werden, dann steigt
die Konzentration von Kohlendioxid innerhalb der nächsten
Jahrhunderte auf Werte zwischen 1200 ppm im Szenarium C
und 4000 ppm im Szenarium E an, also auf ein Vielfaches des
vorindustriellen Wertes von 280 ppm. Die beiden Simulationen wurden bis zum Jahr 3000 gerechnet. Für das Verständnis
des Klimasystems sind derartige Berechnungen sehr hilfreich,
da sie fundamentale Aspekte klimatischer Reaktionen aufzei-
gen. Man sollte aber auch erwähnen, dass bei Verwendung solcher Extremszenarien der Gültigkeitsbereich der Modelle verlassen werden kann. Vorsicht ist daher bei einer zu detaillierten
Interpretation der Ergebnisse geboten. Wie beim Golfstrom-
System lauern vermutlich auch hier noch weitere Instabilitäten
im Klimasystem.

Eine derartige Überraschung könnte beispielsweise in den
Tropen auftauchen, wenn sich infolge des verstärkten Treib-
haushauseffekts der indische Sommermonsun intensivieren
würde. Verheerende Überflutungen würde dies in den betroffenen Gebieten nach sich ziehen. Eine ganz andere Reaktion,
die vor allem die tropischen marinen Ökosysteme treffen
könnte, wäre ein Ausbleiben der kalten und somit nährstoffrei-
chen äquatorialen Auftriebsströmung. Die Nahrungskette im

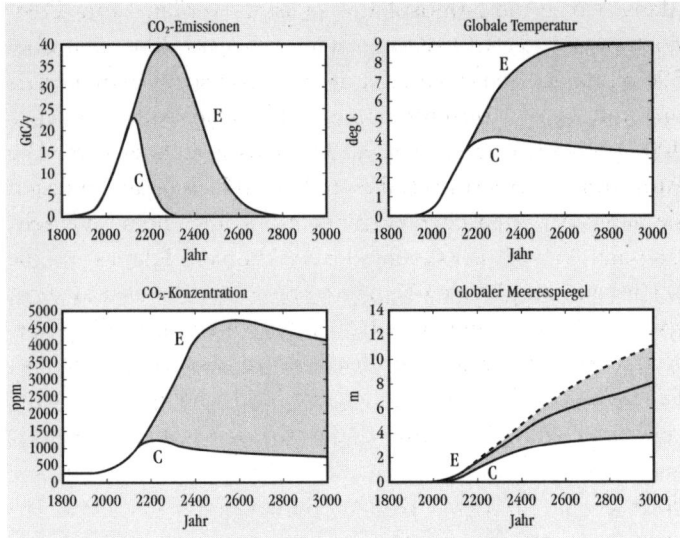

Zeitliche Entwicklungen der CO₂-Emissionen, der CO₂-Konzentrationen, der globalen Temperatur und des globalen Meeresspiegels unter der Annahme zweier BAU-Szenarien. Im Szenarium C werden alle konventionellen Reserven an fossilen Brennstoffen, im Szenarium E auch die »exotischen« verfeuert. Die obere gestrichelte Linie beim Meeresspiegel berücksichtigt auch das Abbrechen des westantarktischen Eisschildes. Ein Großteil der klimatischen Veränderungen stellt sich erst in der zweiten Hälfte dieses Jahrtausends ein. Alle Veränderungen sind als Abweichung von ihren vorindustriellen Werten dargestellt.

Ostpazifik würde dadurch unterbrochen werden, mit unabsehbaren Folgen für Fische und Seevögel.

Die Konzentrationen von Kohlendioxid bleiben während des gesamten Jahrtausends relativ hoch. Dies gilt selbst für das Szenarium C, in dem der CO₂-Ausstoß ungefähr im Jahr 2300 auf Null sinkt, weil jetzt kein Kohlendioxid mehr durch den

Menschen in die Atmosphäre entlassen werden kann. Dennoch beträgt die CO_2-Konzentration im Jahr 3000 weit über 500 ppm. Im Szenarium E ist die Situation sogar extremer, da hier mit einer Konzentration des Kohlendioxids von etwa 4000 ppm am Ende dieses Jahrtausends gerechnet wird. Die Atmosphäre verliert nach diesen Ausgangbedingungen das in sie durch den Menschen eingebrachte Kohlendioxid nur sehr langsam. Ähnlich sieht es mit der Reaktion des Klimas aus, die wir anhand der globalen Temperatur und des globalen Meeresspiegels ablesen können. In beiden Szenarien bleibt die global gemittelte Temperatur auch nach der Rückführung der CO_2-Emissionen auf einem sehr hohen Niveau und klingt nur ganz langsam ab. Noch extremer ist die Situation beim Meeresspiegel, der sich aus der thermischen Expansion, dem Schmelzen der Gebirgsgletscher und dem langsamen Abschmelzen des grönländischen Eisschildes zusammensetzt. Die obere gestrichelte Linie berücksichtigt auch noch das Abbrechen des westantarktischen Eisschildes. Selbst am Ende dieses Jahrtausends hat sich demnach noch kein neues Gleichgewicht eingestellt. Der Meeresspiegel steigt insbesondere in der zweiten Hälfte stark an, mit Werten, die mehrere Meter übersteigen können. Es ist also durchaus möglich, dass wir den nachfolgenden Generationen einen enormen Meeresspiegelanstieg hinterlassen. Man wird also möglicherweise im Jahr 2500 an uns denken, aber nicht unbedingt im positiven Sinne. Die Trägheit des Erdsystems aber ist es, die vorausschauendes Handeln aller Beteiligten erfordert.

Das Ozonloch – unglaublich, aber wahr

Es ist schon kurios mit einer Erfindung, die zunächst als Segen für die Menschheit galt, dann verdächtigt wurde, unsere Atmosphäre zu schädigen und heute schließlich als Bedrohung für das Leben auf der Erde angesehen wird. Die Rede ist von einer Klasse von Chemikalien, die wir Fluor-Chlor-Kohlenwasserstoffe (FCKW) nennen. Die FCKWs wurden in den zwanziger Jahren des letzten Jahrhunderts entwickelt. Zunächst wurden sie als großer Triumph in der Industrie und in privaten Haushalten gefeiert. Die FCKWs sind nämlich stabil, reagieren nicht mit anderen Substanzen, sind nicht entflammbar und sie sind weitaus sicherer als Ammonium, das man bis dahin in Kühlgeräten und Klimaanlagen einsetzte. Auch hatten die FCKWs noch weitere Vorteile: Sie wurden gern als Treibgase in Sprays benutzt, bei der Aufschäumung von Kunststoffen und bei der Reinigung elektronischer Bauteile wie Mikrochips.

Die Geschichte der Ozonzerstörung und der Entdeckung des Ozonlochs ist schon oft erzählt worden. Sie ist aber so beispielhaft für uns Menschen, dass ich sie hier noch einmal kurz wiedergeben möchte. Sie handelt von wissenschaftlicher Erkenntnis, aber auch von wissenschaftlicher Unkenntnis, von Profitdenken sowie von trägen Politikern. Sie steht aber auch für weltpolitisches Handeln und dafür, dass man niemals resignieren und den Kopf in den Sand stecken sollte.

Anfang der siebziger Jahre gaben die Chemiker Sherwood Rowland und Mario Molina von der Universität von Kalifornien in Irvine zu Bedenken, dass die FCKWs einen entscheidenden Nachteil hatten: Da die FCKWs chemisch »inert« sind, also nicht mit anderen Substanzen reagieren, verbleiben sie äußerst lange in der Atmosphäre, mindestens fünfzig Jahre. Dadurch können sie sich langsam nach oben bewegen und nach einigen Jahren auch die Stratosphäre erreichen. Wenn sie dort wiederum hoch genug gestiegen sind, werden sie von der energiereichen Strahlung regelrecht geknackt und die FCKW-Moleküle zerfallen in einfachere Bruchstücke. Rowland und Molina prognostizierten, dass eines dieser Bruchstücke, nämlich das Chlor, für die Ozonschicht äußerst gefährlich werden könnte. Chlor wirkt wie ein Katalysator, es zerstört Ozon, ohne dabei selbst am Ende der Reaktionskette verändert zu werden. Auf diesem Wege kann ein einziges Chloratom Zehntausende von Ozonmolekülen zerstören. Am Ende eines derartigen katalytischen Zyklus haben sich lediglich ein Ozonmolekül (O_3) und ein Sauerstoffatom (O) verbunden, um zwei Sauerstoffpaare (O_2) hervorzubringen. Das Chloratom hat dabei nur den Heiratsvermittler gespielt. Es arrangiert viele Tausende solcher Verbindungen, die unter dem Strich Ozon lediglich zerstören. Damit wurde deutlich, dass sich im Laufe der Zeit die Ozonschicht ausdünnen würde.

Damals hörte man immer wieder ein Standardargument, das von Kritikern angeführt wurde. Ich selber werde heute noch mit diesem Argument bei öffentlichen Vorträgen konfrontiert. Es besagt, dass die FCKWs gar nicht in die Stratosphäre aufsteigen können, weil sie viel zu schwer sind. Die FCKWs sind in der Tat schwerer als Luft. Wenn man sie in einen abgesonderten und stillen Raum sperren würde, würden sie sich in der Nähe des Bodens sammeln. Die Atmosphäre ist aber nicht bewegungslos, sondern sie hat sehr effektive Ventilatoren, welche die leichten und die schweren Moleküle vermischen, bis sie gleichmäßig verteilt sind. Einer dieser Ventilatoren ist die Konvektion, die zur Bildung heftiger tropischer Gewitter führt. In den Auftriebzonen der Gewitterwolken wird die Luft, bestehend aus leichten und schweren Molekülen, innerhalb von Minuten bis in die Stratosphäre geschleudert. In der Stratosphäre werden die Luft und damit auch die FCKWs dann weiterverteilt. Die Erkenntnis, dass Luftmoleküle unabhängig von ihrem molekularen Gewicht verstreut werden, ist übrigens schon sehr viel älter als die Diskussion um die FCKWs selbst.

Die Menschen waren nun alarmiert, weil die Wissenschaftler einen immensen Schaden für die Ozonschicht prophezeiten, mit schwerwiegenden Schäden für das Leben auf diesem Planeten. Die Forscher befürchteten nämlich einen Anstieg der ultravioletten Strahlung in der Nähe der Erdoberfläche, was Auswirkungen auf das menschliche Immunsystem hätte, Augen schädigen würde bis hin zur Blindheit, und vor allen Dingen die Hautkrebsrate in die Höhe schnellen lassen würde. Diese Vorhersagen wurden aber zunächst – wie gewöhnlich – von der Industrie aber auch von vielen Politikern als viel zu spekulativ zurückgewiesen. Wissenschaftler wurden öffentlich präsentiert, die die Gefährlichkeit der FCKWs in Abrede stellten. Es breitete sich so etwas wie ein »Spraydosen-Krieg« zwischen Umweltschützern und den FCKW-Produzenten aus – besonders in Amerika Mitte der siebziger Jahre des letzten Jahrhunderts. Dieser Krieg wurde teilweise sehr emotional geführt und erinnert mich verdächtig an die heutige Debatte über den anthropogenen Treibhauseffekt. Irgendwo zwischen diesen Fronten bewegten sich die meisten Wissenschaftler, die sich natürlich vorsichtig, wie sie nun einmal sind, und sehr differenziert äußerten. Letztlich fanden sie sich aber doch auf der Seite der Umweltschützer ein, denn sie waren der Meinung, dass man zumindest das Vorsorgeprinzip walten lassen sollte, auch wenn man das Ausmaß der Bedrohung nicht genau bestimmen konnte.

Die Ansicht der Industrie war schlicht die, zu behaupten, dass

Rowland und Molinas Berechnungen nur graue Theorie seien, es aber keinen sichtbaren Beleg für ihre These gäbe. Man solle deswegen besser noch einige Jahre abwarten, mehr forschen und vor allem Beobachtungsprogramme durchführen. Das wäre auf jeden Fall sinnvoller, als aufgrund von Spekulationen Tausende von Arbeitsplätzen und eine Industrie zu gefährden, die Milliarden Dollar umsetzt. Rowland, der sich mehr und mehr zum Politiker entwickelte, führte dagegen an, dass die Spraydosen reiner Luxus seien und man auch ohne sie gut auskommen könne. Er plädierte für ein umfassendes FCKW-Verbot, auch deswegen, weil es schon damals Ersatzstoffe für die FCKWs gab. Er wusste aber auch, dass die Strategie des Abwartens sehr gefährlich war. Wenn man erst den Ozonschwund messen könnte, verkündete er, wäre es schon viel zu spät, um geeignete Maßnahmen zu ergreifen. Die Umweltschützer verlangten damals von den Vereinigten Staaten, die weltweite Führung beim Schutz der Ozonschicht zu übernehmen. Immerhin reduzierte Amerika tatsächlich seine FCKW-Produktion deutlich bis zum Ende der siebziger Jahre des letzten Jahrhunderts, nicht auch zuletzt unter dem Druck der öffentlichen Meinung und einem Verbraucherboykott. Schließlich gewannen die Umweltschützer den Spraydosen-Krieg. Doch andere Staaten produzierten dagegen umso mehr FCKW. Anfang der achtziger Jahre stieg der weltweite Ausstoß wieder an, nachdem er einige Jahre schon rückläufig gewesen war.

Schließlich entdeckte man aber das schier Unglaubliche, das Ozonloch über der Antarktis. Seine Auffindung versinnbildlicht in einzigartiger Weise, dass man besser nicht mit unserem Planeten ungehemmt experimentieren sollte. Das Ozonloch wurde erstmalig im Jahr 1982 beobachtet, und zwar über der britischen Antarktisstation Halley Bay. Dort wurden seit 1957 regelmäßige Kontrollen der Ozonschicht in den Monaten Oktober bis März durchgeführt. Als der britische Geophysiker Joe Farman und seine Mitarbeiter die extrem niedrigen Ozonwerte maßen, konnten sie es nicht fassen und dachten sofort, dass etwas mit ihrem Messinstrument nicht stimmen konnte. Sie gingen daher zunächst sehr zurückhaltend mit ihren Messungen in der Öffentlichkeit um. Eigentlich hatten die Wissenschaftler keinen Grund, skeptisch gegenüber ihrem Messinstrument zu sein. Glücklicherweise hatten sie aber ein zweites Instrument mitgenommen, noch völlig unbenutzt, das sie nun ausprobieren konnten. Im Prinzip gab es schon damals Satelliten, welche die niedrigen Ozonwerte hätten registrieren müssen. Aber die Daten des amerikanischen Wettersatelliten Nimbus 7 zeigten keine Auffälligkeiten. Er hätte einen Rückgang von etwa zwanzig Prozent des Ozons über der Antarktis, wie Farman es im Oktober 1982 gemessen hatte, aufzeichnen müssen.

Auch in den beiden darauf folgenden Jahren beobachtete man an der britischen Station extreme Rückgänge der Ozonkonzentration im Monat Oktober, welche die im Jahr 1982 gemessene noch übertrafen. Jetzt war man sich sicher, dass die Messungen richtig waren. Außerdem hatten benachbarte Stationen ähnlich niedrige Werte festgestellt.

Die britischen Kollegen publizierten ihre erschreckenden Resultate zum Ozonrückgang über der Antarktis im angesehenen britischen Fachblatt *Nature* im Mai 1985. Dadurch wurde die Frage aufgeworfen, warum denn die Satelliten nicht den Rückgang der Ozonkonzentration über der Antarktis, den man seit diesem Zeitpunkt übrigens als »Ozonloch« bezeichnete, registriert hatten. Der Artikel von Farman löste eine hektische Aktivität bei der NASA aus und schon bald wurde klar, worin das Problem lag: Die NASA-Wissenschaftler hatten zu viel Vertrauen in die historischen Daten gesetzt. Typische Werte der

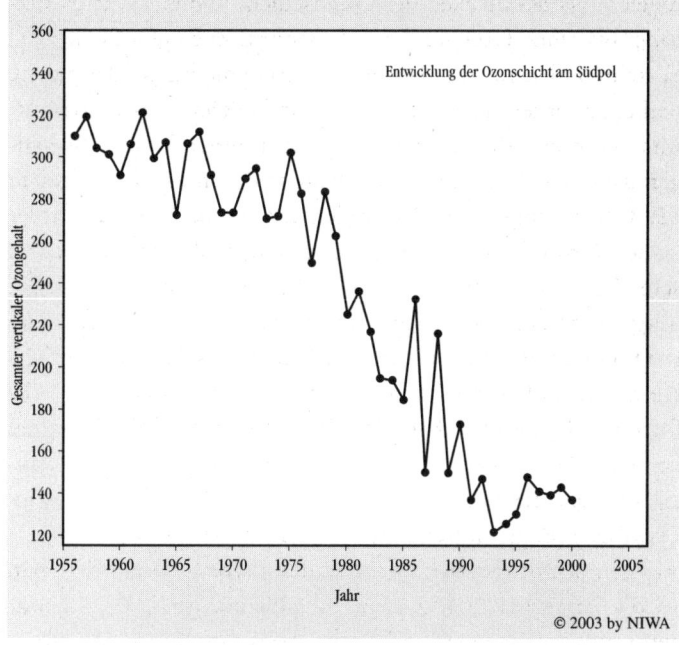

Entwicklung der Ozonschicht am Südpol

© 2003 by NIWA

Die Ozonkonzentration an der britischen Antarktisstation Halley Bay seit 1957, gemessen jeweils im Monat Oktober. Der dramatische Ozonschwund beginnt Ende der siebziger Jahre.

Ozonkonzentration liegen über der Antarktis bei etwa 300 Dobson-Einheiten. Als der Satellit Nimbus 7 im Jahr 1978 gestartet wurde, konnte man sich einfach nicht vorstellen, dass es wesentlich niedrigere Ozonwerte geben könnte. Man programmierte daher die Auswertesoftware so, dass deutlich niedrigere Werte als Messfehler angesehen wurden. Der Schwellwert für einen Messfehler wurde mit 180 Dobson-Einheiten festgelegt. Die obige Abbildung demonstriert, dass dieser Wert

Anfang der achtziger Jahre unterschritten wurde. Zum Glück waren aber die Originaldaten von Nimbus 7 nicht vernichtet worden, man hatte die vermeintlich fehlerhaften Messungen markiert und aufgehoben. Dies ermöglichte eine erneute Auswertung der Satellitendaten, nachdem der *Nature*-Beitrag erschienen war. Diese bestätigte dann die Messungen vor Ort der britischen Kollegen. Zudem zeigte sich nun auch die enorme räumliche Ausdehnung des Ozonlochs.

Rowland und Molina hatten eher eine schleichende Ozonzerstörung vorausgesagt. Wie konnte es dann aber angehen, dass man über dem Südpol eine derart rasante Ozonzerstörung beobachten konnte? Wieso trat das Ozonloch vor allem im Monat Oktober auf, wenn die Sonne nach der langen Polarnacht wieder aufging? Diese zwei Fragen beschäftigten nun die Wissenschaftler. Zunächst hatten sie keine Erklärung dafür, zu sehr waren sie von der Existenz des Ozonlochs überrumpelt worden. Allerdings hatten Farman und seine Kollegen auch den Gehalt an FCKWs, die sie ebenfalls an ihrer Station gemessen hatten, in ihrem *Nature*-Artikel veröffentlicht. Man entdeckte dabei eine erstaunliche Gegenläufigkeit von FCKWs und Ozon. In dem Maße, wie FCKWs zunahmen, sank der Gehalt des Ozons. In ihrem Beitrag wiesen die Autoren auch darauf hin, dass es über dem Südpol während der Polarnacht mit Temperaturen von minus achtzig Grad und darunter extrem kalt ist. Diese Zusammenhänge konnten kein Zufall sein und man plante daher Expeditionen in die Antarktis, um die Chemie der Atmosphäre bis in große Höhen zu erkunden. Diese wurden noch von Flugzeugen unterstützt, die in das Ozonloch hineinflogen, um von dort aus wissenschaftliche Aufzeichnungen zu starten.

Das Rätsel um das Ozonloch war bald gelöst. Einige Wissenschaftler, darunter auch Paul Crutzen und Frank Arnold vom

Max-Planck-Institut für Chemie in Mainz, formulierten eine Theorie, die heute noch Gültigkeit besitzt und vor allem auf den speziellen meteorologischen Bedingungen am Südpol basiert. Außerdem fanden sie heraus, dass Prozesse an Teilchen, so genannte heterogene Prozesse, dabei eine wichtige Rolle spielten. Sherwood und Molina hatten diese nicht beachtet. Es entwickelt sich in der Polarnacht nämlich ein sehr stabiles Tiefdruckgebiet, das als Polarwirbel bekannt ist. Die Luft kühlt sich in ihm auf bis zu minus 95 Grad in der Stratosphäre ab. Bei derart niedrigen Temperaturen können sich Eiswolken bilden, die man als polare stratosphärische Wolken bezeichnet und nach dem englischen Ausdruck »polar stratospheric clouds« mit PSC abkürzt. Auf der Oberfläche der Eiskristalle verwandeln sich die an sich stabilen, aus den FCKWs hervorgegangenen Chlorverbindungen, die eigentlich nicht mit Ozon reagieren, in instabile Verbindungen. Am Ende der Polarnacht, werden letztere durch die aufgehende Sonne in andere Verbindungen umgewandelt, die sehr reaktiv sind und Ozon in großem Maße zerstören. Wenn die Sonne dann höher steigt, lösen sich die Wolken wieder auf. Das Ozonloch taucht also über der Antarktis auf, weil es dort hinreichend kalt ist. Es erscheint besonders in den Monaten September und Oktober, weil dann die Temperaturen noch ausreichend niedrig sind, um PSCs zu bilden und weil gleichzeitig ausreichend Sonnenlicht vorhanden ist, um die instabilen Chlorverbindungen zu knacken. Nach diesen Überlegungen müsste es auch so etwas wie ein Ozonloch in den Monaten März und April über der Arktis geben. Der Polarwirbel über dem Nordpol ist aber nicht so stabil wie der über dem Südpol. Demzufolge werden nicht derart niedrige Temperaturen erreicht. Dennoch findet man inzwischen auch über dem Nordpol im Frühling ein kleines Ozonloch.

Die Debatte um das Ozon zeigte eine weitere Facette. Jim E.

Lovelock, ein englischer Gelehrter und Chemiker der alten Schule, machte von sich reden als er die »Gaia«-Hypothese (griech. gaia = Erde) entwickelte. Er stellte sich die Erde als einen lebenden Organismus vor, ähnlich dem menschlichen Körper. Alle Lebewesen sind dabei Teil dieses Organismus, auch wir Menschen. Die Rückkopplungen innerhalb dieses komplexen Systems stabilisieren den Organismus und machen ihn, der Gaia-Hypothese folgend, seit Millionen von Jahren bewohnbar. So wie der menschliche Körper seine Temperatur konstant hält, obwohl seine Umgebungstemperatur stark schwankt, so reguliert sich auch das Erdsystem. Lovelock bereute es später, dass er 1973 die Existenz der FCKWs in einem Fachaufsatz der Zeitschrift *Nature* als ungefährlich beschrieb. Wie er später sagte, hätte er sich präziser ausdrücken müssen. Für ungefährlich hielt er die FCKWs in der unteren Atmosphäre, in der Troposphäre. Weiter oben aber, in der Stratosphäre, bedeuten sie sehr wohl eine Gefahr, weil sich dort die Ozonschicht befindet.

Die Gaia-Hypothese wurde dennoch vielfach missverstanden. Lovelock stellte sie nicht auf, um den Menschen eine Rechtfertigung dafür zu geben, mit der Erde umgehemmt umzugehen. Vielmehr meinte er, dass das Leben in Zusammenarbeit mit der Erde versucht, möglichst günstige Bedingungen für sich zu schaffen. Die Existenz der Ozonschicht ist dafür ein gutes Beispiel, aber auch die Tatsache, dass die Bedingungen auf der Erde seit vielen Jahrmillionen sehr lebensfreundlich gewesen sind. Lovelock hielt aber auch unmissverständlich fest, dass das Erdsystem zwar in der Lage sei, sich selbst zu regulieren, was aber nicht bedeuten würde, dass die Natur auf jeden Fall den Menschen schützt. Wenn erforderlich, dann würde sich der Organismus Erde der Menschheit entledigen. Die Welt sei ja ohnehin die meiste Zeit ohne den Menschen ausgekommen.

Die Entdeckung des Ozonlochs und die damit in Zusammenhang stehenden wissenschaftlichen Erkenntnisse über die Ozonchemie führten dann aber doch ziemlich rasant zu politischen Entscheidungen. Offensichtlich mussten wir Menschen nahezu am Abgrund stehen, um die Umkehr zu schaffen. Im Jahr 1985 unterschrieben zwanzig Länder die Wiener Konvention der Vereinten Nationen zum Schutze der Ozonschicht. Im Jahr 1987 wurde das Montrealer Protokoll unterzeichnet, das eine deutliche Reduzierung des Ausstoßes von FCKWs vorsieht. Das ursprüngliche Protokoll beinhaltete noch viele Ausnahmeparagraphen, in der Zwischenzeit wurde es aber weiter verschärft. Diese internationalen Abkommen haben dazu geführt, dass der Chlorgehalt der Atmosphäre inzwischen wohl seinen Höhepunkt erreicht hat und wir damit rechnen können, dass er in den nächsten Jahrzehnten wieder sinkt. Es besteht daher die berechtigte Hoffnung, dass sich das Ozonloch innerhalb der nächsten fünfzig Jahre wieder schließen wird.

Wir sollten uns aber nicht zu sicher sein. Das Ozonloch selbst hat uns gelehrt, dass die Natur für so manche Überraschung gut ist. Im Jahr 2006 hat das Ozonloch einen neuen Rekordwert erreicht. Man kann also auf keinen Fall schon Entwarnung geben. Übrigens erhielten Rowland, Molina und Crutzen gemeinsam im Jahr 1995 für ihre bahnbrechenden Arbeiten zum Ozonproblem den Nobelpreis für Chemie.

Können wir das Klimaspiel gewinnen?

Wo ist der Umwelt-Gorbi?

Die Geschichte rund um das Ozon ist in vielerlei Hinsicht beispielhaft für den Umgang von uns Menschen mit Umweltproblemen. Obwohl wir diese oft frühzeitig erkennen, mangelt es uns daran, die Probleme couragiert anzugehen und zu lösen. Offensichtlich muss das Kind erst in den Brunnen fallen, bis wir aufwachen. Umweltverbände warnen vor zukünftigen Gefahren, während die Industrie die Augen vor den Problemen verschließt. Fast möchte man meinen: reflexartig. Diskussionen zwischen den verschiedensten Interessengruppen ziehen sich endlos in die Länge und lähmen die politischen Entscheidungsträger. Wir verspüren ein Zaudern, nicht nur in diesem Bereich, sondern auch in vielen anderen Politikfeldern, sei es in der Gesundheits- oder in der Rentenpolitik. Probleme werden immer viel zu spät angegangen. Der veränderte Altersaufbau unserer Gesellschaft ist beispielsweise nicht erst seit gestern publik. Dennoch haben Politiker immer wieder gezögert, diese Tatsache deutlich zu machen. Noch lange wurde die Parole »Die Rente ist sicher« ausgegeben, als längst schon klar war, dass dies nicht mehr stimmte. Ähnlich wird mit dem Klimathema auf weltpolitischer Ebene umgegangen. Aber auch das Wegsehen von uns Bürgern ist typisch für unsere Zeit. Wir alle sind für den Umweltschutz, wenn wir danach gefragt werden. Die wenigsten von uns verhalten sich aber dementsprechend, sind in letzter Konsequenz nicht bereit, höhere Preise für umweltschonendere Produkte zu zahlen. Die zermürbenden Debatten um den Benzinpreis sprechen hier Bände.

Gerade am Beispiel Erdöl offenbart sich auf frappierendste Weise unser Umweltverhalten. Bei seiner Förderung werden die Erdböden und Meere verseucht. Erdöl wird über Tausende von Kilometern in Tankern transportiert, die nach deutschem Standard nicht gefahren werden dürften, gesteuert von schlecht ausgebildeten Besatzungen, die zu Dumpinglöhnen arbeiten. Da nimmt es kein Wunder, dass kaum ein Jahr vergeht, ohne dass es zu einem oder mehreren schweren Unfällen kommt. Lange Küstenstriche werden dabei immer wieder von einer Ölpest heimgesucht, ganz zu schweigen von den Schäden, die unter Wasser angerichtet werden, die wir also gar nicht erst sehen. Bilder von ölverschmierten, dahinsiechenden Vögeln gehen zwar um die Welt. Wir sind bestürzt, aber nach zwei Wochen ist das Thema aus den Medien. Es geht anschließend alles weiter wie bisher – bis zum nächsten Unfall.

Schließlich verbrennen wir das Erdöl und entlassen auf diese Weise jedes Jahr Milliarden von Tonnen Kohlendioxid in die Atmosphäre. Dieser Teufelskreis macht deutlich: Wir behandeln unsere Erde wie eine Müllkippe. Wir vergiften die Böden, die Weltmeere und unsere Luft. Die Umweltverschmutzung ist ein gigantisches weltpolitisches Thema, wobei das Klimaproblem nur ein Teilaspekt ist. Wir müssen diese Situation ändern, doch stellt sich die Frage, ob es überhaupt möglich ist, die Umweltprobleme in den Griff zu bekommen. Ich denke, ja. Beim Fußball wird immer wieder nach Führungspersönlichkeiten gerufen, die das Spiel in die Hand nehmen sollen, wenn es schlecht läuft und die Mannschaft in Rückstand geraten ist. Auch in der Weltpolitik bedarf es solcher Persönlichkeiten – und es gibt sie.

Beispiele aus der jüngsten Vergangenheit machen Mut. Ich denke hier vor allem an die Entspannungs- und Abrüstungspolitik, die nicht nur den »Kalten Krieg« zwischen Ost und West beendete, sondern auch die Berliner Mauer – das Sinnbild der Teilung Deutschlands – zum Einstürzen brachte. Als ich drei Jahre vor der Öffnung in die DDR gefahren bin, um einen Vortrag an der Humboldt-Universität in Ost-Berlin zu halten, kam mir die Mauer noch so undurchdringlich vor, dass ich es nicht für möglich hielt, dass sie kurze Zeit später durch eine friedliche Revolution niedergerissen werden würde. Zwei Politiker haben meiner Meinung nach dazu Entscheidendes beigetragen. Einer von ihnen ist Willy Brandt, der mit seiner Entspannungspolitik die Annäherung zwischen Ost und West ins Rollen brachte. Der andere ist Michail Gorbatschow, der das Wettrüsten beendete und dadurch Vertrauen aufbaute. Diese beiden Politiker haben nicht nur über Probleme geredet, sondern sie auch zu lösen versucht, egal wie groß sie waren. Auch in der Umweltpolitik sind solche Persönlichkeiten notwendig. Wir brauchen einen Umwelt-Gorbi, der eine umweltpolitische Revolution in Gang setzt.

Mit der Unsicherheit leben

Eine derartige Persönlichkeit muss erkennen, dass die Zeit zum Handeln gekommen ist, trotz aller Unsicherheiten, die es gibt und immer geben wird. Viele Politiker verweisen gerne darauf, dass man noch mehr forschen müsse, um wirklich präzise Vorhersagen zum globalen Klimawandel auf den Tisch legen zu können. Gerade in den USA herrscht im Moment diese politische Strategie vor: Es wird dort auf die forschungsbedingten Unsicherheiten abgezielt. Auf diese Weise ist es ein Leichtes, sich vor Entscheidungen zu drücken. Der Fall absoluter Sicherheit wird aber nie eintreten, Vorsagen zum globalen Klimawandel bleiben immer auch unpräzise. Das darf aber nicht dazu führen, das Angehen des Klimaproblems weiter hinauszuzögern. Wir wissen heute schon genug über die klimatischen Schwierigkeiten, um dringenden Handlungsbedarf zu erkennen. Allein das Vorsorgeprinzip für nachfolgende Generationen gebietet es, zu reagieren.

Wir wissen, dass es durch die Konzentration des Kohlendioxids zu einer Aufheizung der Erdoberfläche und der unteren Luftschichten gekommen ist. Wir wissen, dass die Temperaturentwicklung in den letzten Jahrzehnten nicht mehr allein durch natürliche Prozesse zu erklären ist, der Mensch also in zunehmenden Maße das Weltklima bestimmt.

Rekapitulieren wir noch einmal die Gründe, die die Vorhersagen zum Klimawandel unsicher machen. Da ist zunächst die Frage, wie sich die Menschheit in der Zukunft verhalten wird. Drosseln wir den Ausstoß von Treibhausgasen signifikant, wird die zu erwartende Klimaänderung eher klein ausfallen. Machen wir so weiter wie bisher, müssen wir mit einer sehr massiven Klimawandlung rechnen. Ein zweiter Grund ist der chaotische Charakter des klimatischen Systems. Seinetwegen haben Klimavorhersagen immer nur einen Wahrscheinlichkeitscharakter. Wir können das Eintreten bestimmter Modifikationen nur mit einer bestimmten Wahrscheinlichkeit versehen, absolute Sicherheit gibt es nicht. Allerdings ist diese Unsicherheitsquelle tendenziell gering im Vergleich zu der, die aus der Unkenntnis des zukünftigen Treibhausgasausstoßes resultiert. Und letztlich sind die Klimamodelle nicht perfekt, sie sind fehlerhaft. Diese Fehler sind aber nicht so immens, dass die Modelle an sich wertlos sind. Stellen Sie sich vor, dass für den morgigen Tag Schauer angesagt sind. Für Sie ist damit die Entscheidung gefallen, einen Regenschirm mitzunehmen. Dabei ist es aber für Sie nicht wichtig, wann genau am Tag oder wie stark es regnen wird. Alleine die Information, dass es überhaupt regnen wird, ist von Bedeutung. Deswegen ist es auch wenig sinnvoll, darüber zu streiten, ob sich die Temperatur der Erde um drei oder vier Grad erwärmen wird. Dies ist eine vordergründig theoretische Diskussion, die in der Forschung selbstverständlich geführt werden muss. Für die Politik ist diese Frage aber belanglos, weil in dem einen oder dem anderen Fall gehandelt werden muss.

Wir müssen mit der Unsicherheit leben. Dies ist manchmal schwer zu vermitteln. Wir Menschen bevorzugen klare Alternativen, keine Eventualitäten. Jeder von uns weiß aber im Grunde, dass wir prinzipiell mit Unsicherheiten umgehen müssen. Diese Tatsache wird aber nicht immer realisiert. Wenn wir in einem Auto sitzen, besteht in jedem Moment die Wahrscheinlichkeit, dass wir verunglücken. Wir negieren aber diese, weil uns die Aussicht als äußerst gering vorkommt. Ähnliches gilt, wenn wir nur einen Fuß vor die Tür setzen, stets könnte uns ein Dachziegel treffen. Implizit ist unser ganzes Leben davon geprägt, Möglichkeiten abzuschätzen und uns entsprechend zu verhalten. Bei der Klimaproblematik verläuft es nicht anders. Die Wahrscheinlichkeit, dass wir Menschen das Klima verändert haben, liegt weit über neunzig Prozent. Im Alltag würden wir einen derartig hohen Wert als Sicherheit betrachten. Oder würden Sie in ein Flugzeug einsteigen, das mit einer Denkbarkeit von neunzig Prozent abstürzen wird? Die verbleibende Restunsicherheit von nur zehn Prozent würden wir in einem solchen Fall nicht weiter beachten. Umso erstaunlicher ist es, dass man beim Klimaproblem diese hohe Wahrscheinlichkeit ignoriert.

Wir sollen aber auch nicht zu Übertreibungen neigen. Nicht alles, was auf diesem Planeten an Unwettern passiert, ist von uns Menschen verursacht. Die Medien greifen Naturkatastrophen mit Vorliebe auf, um auf den globalen Klimawandel aufmerksam zu machen. Tropische Wirbelstürme wie Hurrikane scheinen sich dafür besonders gut zu eignen. Diese Stürme sind natürlich sehr zerstörerisch und bringen sehr viel Leid über die betroffenen Menschen. Wir sollten dabei nicht vergessen, dass es schon immer Hurrikane gegeben hat. Beobachtungen von Wirbelstürmen in den letzten einhundert Jahren lassen aber keinen langfristigen Trend erkennen, sie sind nicht weniger, aber auch nicht mehr geworden. Das heißt aber nicht, dass sich Hurrikane in Folge der globalen Erwärmung nicht verändern können. Wir können heute lediglich noch keine Aussagen darüber treffen, ob sich schon Modifikationen abzeichnen. Nicht alle Wetterabläufe müssen sich aufgrund der globalen Erwärmung abwandeln. Umgekehrt ist es aber auch kein Argument gegen den globalen Klimawandel, wenn es Komponenten gibt, die nicht variieren.

Wir dürfen nicht vergessen, dass wir erst am Anfang des globalen Klimawandels stehen. Viele Wetterphänomene werden sich erst bei einer deutlich stärkeren Erwärmung umstrukturieren. Es macht daher keinen Sinn, Schwarz-Weiß-Malerei zu betreiben. Einige Wetterereignisse haben sich schon verändert, einige werden sich erst noch umbilden, aber es werden auch Aspekte des Wetters zu Tage treten, die sich nicht verwandeln. Eine differenzierte Betrachtung des Klimaproblems ist daher angebracht. Argumente, die nur einen speziellen Prozess oder eine bestimmte Ansicht des Problems herausgreifen, sind nicht geeignet, die Frage nach der Klimabeeinflussung durch den Menschen zu beantworten. Es sollten daher bei Ihnen die Alarmglocken läuten, wenn wieder behauptet wird, dass ein spezieller Hurrikan die Folge der globalen Erwärmung sei.

Trotz der Unsicherheiten steht fest, dass wir eine gewaltige Klimaänderung hervorrufen können, wenn wir nicht jetzt beginnen, das Ruder herumzureißen. Auch wir Klimaforscher tragen in diesem Zusammenhang eine große Verantwortung. Wir dürfen uns durch die Versprechen der Politiker, mehr Forschungsgelder zu bekommen, nicht zum Schweigen verurteilen. Wir müssen so ehrlich sein und zugeben, dass exakte Vorhersagen nicht getroffen werden können, ganz gleich, wie viele Messungen oder Rechnungen wir noch durchführen würden. Immer wieder müssen wir uns vor Augen führen: Wir experimentieren gewaltig mit unserem Planeten – mit zum Teil zweifelhaftem Ausgang. Natürlich können wir die Prognosen zum globalen Klimawandel noch verbessern. Wir dürfen aber das eigentliche Ziel nicht aus den Augen verlieren, nämlich eine zu starke Aufheizung der Erdatmosphäre zu vermeiden. Alle Modelle stimmen darin überein, dass wir bei weiter steigendem Treibhausgasausstoß mit einer noch größer werdenden Erderwärmung zu rechnen haben. Was im Detail diese Erwärmung in bestimmten Regionen bewirkt, können wir zwar berechnen; je kleiner aber das zu betrachtende Gebiet wird, desto fragwürdiger werden die Vorhersagen. Schnellere Computer können hier zwar minimale Abhilfe schaffen, Restrisiken werden letztlich aber bleiben. Die Klimaforschung darf daher nicht zu einer reinen Alibiforschung verkommen, die nur Forschungsgelder kassiert und dadurch die Politiker vom Druck des Handelns befreit.

Wie steuert man einen trägen Tanker?

Wie aber lässt sich das Erdsystem managen? Es ist ein träges System, das nur allmählich auf Antriebe von außen reagiert. Wir kennen viele Fälle für träge Systeme. Ein Schnellzug beispielsweise hat einen sehr langen Bremsweg. Man muss daher die Bremsung schon einige Kilometer vor der Haltestelle einleiten. Ähnliches gilt für Schiffe. Riesige Tanker müssen mit einer großen Vorausschau gesteuert werden. Jeder von uns würde beim ersten Mal vermutlich einen Tanker in einem Hafen gegen die Kaimauer auflaufen lassen. Um die Steuerung des Klimas zu erleichtern, kann man Erdsystemmodelle entwickeln. Im Gegensatz zu den reinen Klimamodellen berücksichtigen die Erdsystemmodelle neben den physikalischen und bio-geo-chemischen Aspekten auch gesellschaftliche Komponenten, vor allem die Weltwirtschaft. Leider stehen solche Modelle erst am Anfang ihrer Entwicklung. Sie liefern aber schon einige interessante Resultate, die für die Weltpolitik eine wichtige Entscheidungshilfe sein können.

Die nicht ganz neue Erkenntnis, dass der Mensch das Klima verändert, ist inzwischen auch in den Köpfen von Politikern verankert. Die Klimaproblematik steht mittlerweile auf der Agenda der Weltpolitik sehr weit oben. Das wurde besonders deutlich, als 1992 insgesamt 154 Länder das »Rahmenübereinkommen zu Klimaänderungen« der Vereinten Nationen in Rio de Janeiro unterzeichnet haben. In dieser Klimakonvention heißt es unter anderem in dem Artikel 2: »Das Endziel dieses Übereinkommens … ist es, die Stabilisierung der Treibhausgaskonzentrationen in der Atmosphäre auf einem Niveau zu erreichen, auf dem eine gefährliche Störung des

Klimasystems verhindert wird.« Dieser Satz ist eigentlich eine Sensation, denn er besagt, wenn man ihn zu Ende denkt, dass man sofort eine radikale Reduzierung der weltweiten Treibhausgasemissionen vornehmen müsste. Nur dann nämlich könnte man die Treibhausgaskonzentrationen auf einem derartigem Niveau stabilisieren. Nach der Unterzeichnung der Klimakonvention berichtete Hartmut Graßl vom Hamburger Max-Planck-Institut für Meteorologie über die Verhandlungen in Brasilien. Er war sich sicher, dass die Politiker gar nicht so richtig verstanden hätten, was sie da eigentlich unterschrieben haben und möglicherweise den Unterschied von Emission und Konzentration, das heißt von Ausstoß und Gehalt, nicht kannten.

Während die Klimakonvention der Vereinten Nationen von Rio de Janeiro im Prinzip eine Absichtserklärung ist, wird das Kioto-Protokoll von 1997 schon konkreter. Dort verpflichten sich die Industrieländer im Mittel 5,2 Prozent des Treibhausgasausstoßes im Zeitraum von 2008 bis 2012 gegenüber den Emissionen von 1990 zu reduzieren. Das Kioto-Protokoll ist im Februar 2005 mit der Ratifizierung Russlands in Kraft getreten. Leider hat sich der größte CO_2-Emittent, die USA, die für fast ein Viertel des weltweiten Kohlendioxidausstoßes verantwortlich zeichnen, vom Kioto-Übereinkommen verabschiedet. Das geschah, als die George W. Bush-Administration die Amtsgeschäfte übernahm. Trotzdem ist wichtig, dass die Kioto-Beschlüsse auch ohne die Vereinigten Staaten in Gang gesetzt werden. Dies hätte eine wichtige Signalwirkung und würde demonstrieren, dass sich die Welt ernsthaft bemüht, die Klimakonvention umzusetzen. Zum ersten Mal in den letzten zweihundert Jahren könnte dadurch der rasante Anstieg der Treibhausgase in der Atmosphäre deutlich gebremst werden.

Bislang schließt das Kioto-Protokoll die Entwicklungsländer aus. Meiner Ansicht nach ist das richtig. Vor allem die heutigen Industrienationen sind es, die die Atmosphäre mit den Treibhausgasen angefüllt haben und noch immer anfüllen. Wenn so etwas wie eine weltpolitische Moral existiert, dann müssen wir, die Menschen in den entwickelten Ländern, das Problem lösen. Die Entwicklungsländer haben bislang wenig zum Klimaproblem beigetragen. Wenn es uns mit dem Klimaschutz wirklich wichtig ist, dann müssen die Industrienationen den Anfang machen. Das Interesse der Entwicklungsländer am Klimaschutz ist groß, denn es sind sie, die wahrscheinlich die stärkeren Auswirkungen des globalen Klimawandels zu erwarten haben. Dennoch müssen die Bedingungen gewährleistet bleiben, dass sich diese Länder weiterentwickeln können, Industrie nicht verhindert wird, aus umweltpolitischen Strategien.

Aus dieser Falle ist nur herauszufinden, wenn wir in den Industrienationen effiziente oder – besser noch – ganz neue Techniken zur Energiegewinnung ausarbeiten, die von den Entwicklungsländern genutzt werden. Dies gilt vor allem für die Ausgestaltung von Technologien zur Nutzung der Sonnenenergie. Viele Entwicklungsländer verfügen im Überfluss über den Rohstoff Sonne. Durch die verstärkte Verwendung von Sonnenenergie könnten wir zum einen das Weltklima schützen, zum anderen würden wir vielen Entwicklungsländern eine wirtschaftliche Perspektive bieten. Auf diesem Weg würde man es möglicherweise erreichen, dass der große Unterschied im Lebensstandard zwischen den Industrienationen und den Entwicklungsländern abgemildert wird. Letztlich würden wir alle auf der Welt von besseren Technologien zur Nutzung der erneuerbaren Energien profitieren.

Würde die Politiker bei den Beschlüssen von Kioto stehen bleiben, hätte dies aber im Endeffekt nur einen geringen Einfluss auf das Klima. Erinnern Sie sich noch an unser Badewannenbeispiel? Selbst wenn wir den Wasserhahn bei einer bestimmten Stärke des Strahls ein wenig zurückdrehen, läuft die Wanne bei abfließendem Wasser trotzdem voll. Es kommt immer noch weitaus mehr Wasser aus dem Hahn als ablaufen kann. Insofern ist das Kioto-Protokoll letztlich nur ein minimales Zurückdrehen des Wasserhahns, das heißt, die Treibhausgaskonzentrationen werden weiterhin ansteigen und die Erde wird sich noch mehr aufheizen. Das Kioto-Protokoll hat daher vor allem einen symbolischen Charakter. Jetzt gilt es, bei den jährlich anstehenden Folgekonferenzen das Protokoll weiter zu verschärfen. Hierbei kann von der Problematik um das Ozonloch gelernt werden. Das ursprüngliche Abkommen von Montreal war ebenfalls wenig konkret formuliert, es wurde aber auf den nachfolgenden Konferenzen präzisiert, dass man heute etwas optimistischer in die Zukunft blicken kann. Falls keine weiteren bösen Überraschungen auftauchen, wird das Ozonproblem zu lösen sein. Der Tatbestand der globalen Erwärmung ist jedoch noch viel komplexer als das Ozonloch, weil es bislang kaum Alternativen zu den fossilen Brennstoffen gibt. Insofern erfordert die Lösung der Klimaproblematik einen radikalen Umbau der Weltwirtschaft.

Klimawandlungen, wie etwa eine Temperaturerhöhung oder Änderungen im Auftreten von Dürren und Überschwemmungen, wirken sich unmittelbar auf uns Menschen und auf die Ökosysteme aus. Wir werden uns entweder an das neue Klima anpassen oder Schritte unternehmen, die unser bisheriges Handeln infrage stellen. Um gravierende Klimaänderungen zu vermeiden, müsste der weltweite Ausstoß von Treibhausgasen innerhalb der nächsten ein- bis zweihundert Jahre auf ein Bruchteil des heutigen sinken. Hektisches Agieren ist aber nicht erforderlich. Das Klima ist – wie schon gesagt – träge und reagiert nur langfristig auf unsere Maßnahmen. Dies bedeutet, dass wir die Klimaentwicklung in den nächsten Jahrzehnten ohnehin nicht mehr grundlegend beeinflussen können. Dennoch müssen wir heute die Weichen für die Zeit danach stellen. Entsprechend ist eine ökonomische Betrachtung für die Zukunft unvermeidlich.

Die Klimaforscher Georg Hooss und Klaus Hasselmann haben diesen Aspekt in zwei Simulationen zum Ausdruck gebracht. In ihrem Modell werden die Kosten einer Klimaänderung mit den entsprechenden »Vermeidungskosten« abgeglichen. Wenn man beispielsweise neue Technologien einführt, um den Ausstoß von Treibhausgasen zu reduzieren, kostet dies Geld. Umgekehrt verursachen die Schäden, die durch die Klimaänderung entstehen, beispielsweise Ernteausfälle durch Dürren oder Instandsetzung von Häusern nach Hochwasserkatastrophen, ebenfalls Kosten. Es macht also Sinn, »optimale« Emissionspfade zu berechnen, die beide Kostenarten berücksichtigen und einen Kompromiss zwischen Klima und Wirtschaft darstellen. Aber eine Neuordnung der Weltwirtschaft braucht Zeit, schließlich muss sie bezahlt werden. Kraftwerke oder Maschinen haben eine Lebensdauer von einigen Jahrzehnten, man kann sie nicht von heute auf morgen ersetzen. Dies wäre ökonomisch nicht ratsam. Es erscheint daher angebrachter, eine gewisse Trägheit der Wirtschaft in die Berechnungen mit einzubeziehen. Das hat den Vorteil, dass man eine optimale Handlungsstrategie entwickeln kann, welche die Weltwirtschaft kurzfristig nicht zu stark belastet und das Klima aber trotzdem so weit wie möglich schont.

Ohne Berücksichtigung der wirtschaftlichen Trägheit könnten die Emissionen sofort um fünfzig Prozent zurückgefahren werden, unter Berücksichtigung dieser steigen sie jedoch sogar

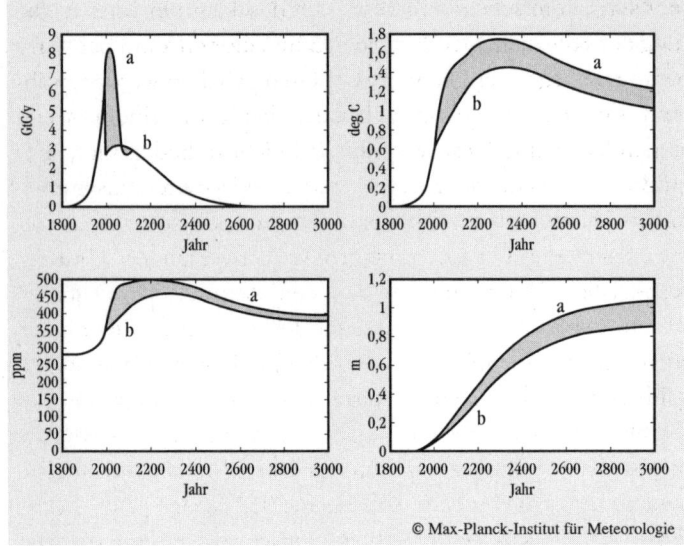

Optimale Handlungspfade berechnet mit (Kurve a) und ohne Berücksichtigung der wirtschaftlichen Trägheit (Kurve b) für dieses Jahrtausend. Dargestellt sind die mit dem Modell optimierten CO_2-Emissionen, die entsprechenden Konzentrationen, die global gemittelte Temperatur und der global gemittelte Meeresspiegel. Alle Größen sind als Abweichungen gegenüber ihren vorindustriellen Werten gezeigt.

© Max-Planck-Institut für Meteorologie

noch einige Jahrzehnte lang an, bis sie danach deutlich zurückgehen. Ein interessantes Ergebnis bei dem Vergleich beider Simulationen ist, dass ein »Crashkurs« für das Klima nicht viel bringen wird. Das entscheidende Ziel muss daher sein, langfristig, über einen Zeitraum von etwa hundert Jahren, die Treibhausgasemissionen deutlich zu senken und auf Null herunter zu reduzieren. Obwohl sich nach den Simulationen die beiden Handlungsstrategien in den nächsten zwei bis drei Jahrzehnten sehr stark unterscheiden, schlägt sich dies kaum in einer Änderung des Klimas nieder. In beiden Simulationen kann der Temperaturanstieg unterhalb von zwei Grad gehalten werden, während sich der Meeresspiegelanstieg bei etwa einem Meter einpendelt. Beide Geschehnisse sind nicht unbedeutsam, aber größtenteils nicht mehr zu vermeiden. Wir sollten zusammen mit der Wirtschaft eine Strategie entwickeln, die sowohl das Klima als auch die Wirtschaft vor großen Verwerfungen schützt.

Kurzfristige Maßnahmen über einen Zeitraum von einigen Jahren spielen also praktisch keine Rolle für das Klima. Dies erklärt auch, warum das Kioto-Protokoll den notwendigen Klimaschutz allein nicht leisten kann. Eine Verringerung des Treibhausgasausstoßes von ungefähr fünf Prozent bis 2012 ist bei den langen Reaktionszeiten des Klimas nahezu belanglos. Nur wenn man den Ausstoß nach 2012 konsequent weiter senkt, die Emissionen allmählich zurückgehen, wird sich der Gehalt von Treibhausgasen in der Atmosphäre stabilisieren – und damit auch das Klima. Deswegen macht es auch wenig Sinn, auf Klimakonferenzen um Prozente zu feilschen. Ob die Reduzierung nun fünf oder sechs Prozent betragen sollte, das ist egal, letztlich bleibt dies ohne großen Einfluss. Wirklich entscheidend sind langfristige Maßnahmen, die von allen Ländern mitgetragen werden müssten.

Die große Trägheit des Klimas bietet aber auch eine Chance. Im Grunde würde es nicht viel ausmachen, wenn sich Amerika erst in einigen Jahren zum Klimaschutz bekennen würde und erst dann damit anfinge, weniger Spurengase in die Atmosphäre zu entlassen. Dies soll jetzt nicht falsch verstanden werden. Wir sollten schon heute alles Mögliche unternehmen, um den Ausstoß von Treibhausgasen in die Atmosphäre zu reduzieren und danach streben, nach regenerativen Energien zu forschen. Nur die regenerativen Energien wie beispielsweise die Sonnenenergie sind geeignet, den wachsenden Energiehunger der Welt zu befriedigen. Man sollte daher bei Klimakonferenzen überlegen, wie man im Verlauf der kommenden Jahrzehnte die Weltökonomie zu einer kohlenstofffreien Wirtschaft umbauen könnte. Dies liegt in dem Interesse aller Länder, da die fossilen Energien schließlich begrenzt sind und die Vorräte vielleicht nur noch fünfzig Jahre halten. Es sollte weiterhin überlegt werden, wie man über die Ländergrenzen hinweg den erneuerbaren Energien zum Durchbruch verhelfen kann. Kurzfristige wirtschaftliche Interessen, die bislang für einige Staaten ein Hindernis bei der Ratifizierung des Kioto-Protokolls darstellen, spielen auf den langen Zeitskalen von Jahrzehnten beziehungsweise Jahrhunderten eine untergeordnete Rolle. Deswegen ist es zweckdienlich, den Kioto-Verweigerern – wie den Vereinigten Staaten – entgegenzukommen, da wir langfristig, ob wir es wollen oder nicht, dieselben Interessen haben, nämlich von den fossilen Energien unabhängig zu werden. Verhärtete Fronten helfen wenig, weil das Klimaproblem uns global betrifft.

Deutschland könnte beim Klimaschutz eine Vorbildfunktion einnehmen. Wir haben die finanziellen Mittel und das technologische Know-how dazu. Und befinden uns auf einem guten Weg: Seit 1990 haben wir schon zwanzig Prozent unseres CO_2-Ausstoßes reduziert. Dies liegt ungefähr zur Hälfte an der Wiedervereinigung, denn durch sie sind veraltete Technologien in den neuen Bundesländern durch hochmoderne ersetzt worden. Die andere Hälfte der Einsparung ist durch eine verbesserte Energieausnutzung und durch den Einsatz erneuerbarer Energien zustande gekommen. In Schleswig-Holstein wird heute zwanzig Prozent der Energieerzeugung durch Windkraftwerke ermöglicht. Wir könnten zusammen mit Ländern der Europäischen Union das Zugpferd sein, andere Staaten förmlich mitreißen, eine neue Energiepolitik einzuleiten.

Wir können alles außer Hochdeutsch

Viele werden sich noch an die Ölkrise von 1973 erinnern, als plötzlich der Nachschub an Erdöl versiegte. Es gab bei uns Fahrverbote und man konnte sogar auf den Autobahnen spazieren gehen. Seit dieser Energiekrise konnte selbst in Amerika eine interessante Entwicklung beobachtet werden. Liefen bis dahin der Ausstoß von Kohlendioxid und die Entwicklung des Bruttoinlandsproduktes (BIP), also der Wirtschaftskraft, noch Hand in Hand, so hat sich inzwischen eine Schere aufgetan. Der CO_2-Ausstoß steigt seit 1973 deutlich langsamer an als die Wirtschaftskraft. Ähnliches ist in Japan seit dieser Zeit festzustellen. Was bedeutet: Das Märchen von der Stagnation der Wirtschaft, sollte weniger Energie verbraucht werden, ist nicht länger aufrechtzuerhalten. Wir dürfen aber auch nicht den Fehler machen, zu glauben, dass das Klimaproblem nur durch Einsparung von Energie zu meistern ist. Die Weltbevölkerung wird wachsen, viele Länder werden sich weiter industrialisieren und das heißt, der Energiebedarf der Menschheit wird in den nächsten Jahrzehnten deutlich wachsen. Davor dürfen wir die Augen nicht verschließen.

Die große Herausforderung ist: neue Energietechnologien zu entwickeln. Mir fällt dazu ein Werbeslogan ein, mit dem das Bundesland Baden-Württemberg zurzeit wirbt: »Wir können alles außer Hochdeutsch.« Dieser Slogan spielt auf die Innovationskraft des Landes an. Und genau diese Innovationskraft ist jetzt gefragt. Wir in Deutschland sollten Technologien konstruieren, um die Energiequellen anzuzapfen, welche die Umwelt schonen. Da ist vor allem die Sonne, die uns Energie im Überfluss liefert. Wenn wir nur einen Bruchteil der Sonnenenergie nutzbar machen könnten, dann bräuchten wir kein Erdöl, kein Erdgas und keine Kohle. Es wird Zeit brauchen, die entsprechenden Technologien zu entwickeln, doch Investitionen in diesem Bereich sind notwendig. Da Deutschland ein Land ohne Rohstoffe ist, müssen wir auf Innovation setzen. Es wäre fatal zu glauben, dass man das Energieproblem und damit das Klimaproblem einfach aussitzen kann. Wir alle werden feststellen müssen, dass sich fossile Energie in den nächsten Jahren und Jahrzehnten immer mehr verteuern wird. Wer jetzt energisch mit der Entwicklung alternativer Technologien Ernst macht, der wird später auch ökonomisch die Nase vorn haben. Wenn wir diese Lektion nicht lernen, wird uns die Wirklichkeit überholen und wir müssen uns die Aussage von Gorbatschow gefallen lassen: »Wer zu spät kommt, den bestraft das Leben.« Aus diesem Grund sollte die Politik in die Zukunft gerichtete Investitionen fördern und dabei helfen, die erneuerbaren Energien stärker in den Markt einzuführen. Die Mineralölkonzerne haben dies schon seit langem erkannt und forschen bereits in Richtung Sonnenenergie; sie wollen für die Zukunft gewappnet sein.

Wir sind das Volk – auch bei verrückt spielendem Wetter

Es ist wichtig, dass man die Bedeutung dieser Perspektive auch auf der weltpolitischen Bühne erkennt. Leider sind auf der großen Umweltkonferenz 2002 in Johannesburg die Bestrebungen der Europäer gescheitert, bis zum Jahr 2010 den Anteil der erneuerbaren Energien auf weltweit 15 Prozent festzuschreiben, ein meiner Meinung nach einfach zu erreichendes Ziel. Man konnte sich nur darüber verständigen, den Anteil erneuerbarer Energien »deutlich zu erhöhen«. Es zeigt sich hieran, dass die kurzfristigen Interessen der Energiewirtschaft immer noch zu viel Einfluss auf die Entscheidungen der Politik haben. Ich fürchte, dies wird sich erst ändern, wenn ein gewisser Druck entsteht. Diesen Druck sollten wir Bürger in den reichen Industrienationen ausüben. Erinnern wir uns an die Diskussionen um die FCKWs in den USA in den siebziger Jahren des letzten Jahrhunderts, die entscheidend von den amerikanischen Bürgern mitgestaltet worden waren. Nicht zuletzt der Verbraucherboykott bei den Spraydosen hat dazu geführt, dass sich die Industrie nach Alternativen umsehen musste.

Wir Bürger sind es, die eine große Macht haben. Der Fall der Mauer hat uns dies klar vor Augen geführt. Der Ausspruch »Wir sind das Volk« hat auch in der Umweltpolitik seinen berechtigten Platz.

Wir sollten nicht vergessen, dass wir es unseren Kindern, Enkeln und Urenkeln schuldig sind, ihnen eine intakte Umwelt zu hinterlassen. Die Umweltrevolution muss daher auch von unten kommen, unabhängig von weltpolitischen Entscheidungen. Es ist zu einfach, nur auf die Politiker zu schimpfen. Klimaschutz fängt bei jedem von uns an. Nur wenn wir dies begreifen, können wir in Deutschland Vorbild sein. Jeder sollte überlegen, was er selbst zum Klimaschutz beitragen kann. Energiesparen ist dabei ein wichtiger Schritt in diese Richtung. Ob dies durch weniger Autofahren oder durch bessere Wärmedämmung von Häusern erfolgt, durch Müllvermeidung oder durch Abschalten von Stand-by-Vorrichtungen an Stereoanlagen oder Fernsehern, jeder kann seinen Beitrag leisten. Mit großer Sorge beobachte ich aber bei einigen Menschen das genaue Gegenteil. Stellvertretend für diesen Trend steht die immer größer werdende Anzahl von Geländewagen in Großstädten. Diese Benzinfresser scheinen schick zu sein. Wer besonders »in« sein möchte, der kauft sich ein solches Auto. Diese Mode ist in meinen Augen völlig unsinnig und müsste von der Politik erkannt und entsprechend eingeschränkt werden. Ich wende mich nicht gegen Autos insgesamt, ich fordere aber einen verantwortungsvolleren Umgang mit ihnen. Spaß beim Autofahren, den ich jedem gönne, darf nicht zu Lasten anderer Menschen gehen.

Hier liegt das eigentliche Problem. Die Kosten der Umweltzerstörung trägt die Allgemeinheit. Wenn jemand bei uns aus lauter Lust und Tollerei einen Geländewagen fahren möchte, dann kann er dies, ohne für die Folgekosten aufkommen zu müssen. Ein Geländewagen verbraucht normalerweise 15 Liter Benzin auf hundert Kilometer. Man könnte mit etwa einem Drittel auskommen, wenn man in der Stadt mit einem praktischen Kleinwagen führe, mit dem man darüber hinaus auch noch leichter einen Parkplatz fände. Der Anreiz dazu fehlt aber. Solange die umweltschädigenden Produkte keinen Echtpreisen unterworfen werden, in denen die Kosten der Umweltzerstörung nicht enthalten sind, solange haben sie natürlich einen Wettbewerbsvorteil gegenüber den konkurrierenden umweltschonenden Produkten. Es darf einfach nicht mehr möglich sein, dass Konzerne die Gewinne in die Tasche stecken und die Umwelt dabei auf der Strecke bleibt. Ändern können wir Bürger aber durchaus etwas, in dem wir Produkte kaufen, welche die Umwelt weniger stark belasten. Wenn wir dies konsequent tun, dann wird sich auch die Industrie darauf einstellen. Nicht derjenige, der die Umwelt verpestet, sollte als schick angesehen werden, sondern derjenige, der sie schont.

Das sollte natürlich auch für Unternehmen gelten. Ich möchte dies am Beispiel des tropischen Regenwaldes erläutern. Zu den größten umweltpolitischen Skandalen gehört, dass mit der Vernichtung der Tropenwälder nicht sofort aufgehört wird. In Indonesien sind schon etwa zwei Drittel des Regenwaldes abgeholzt worden. Alle zwei Sekunden wird dort eine Fläche von der Größe eines Fußballfeldes vernichtet. Die Brandrodungen verursachen eine gewaltige Kohlendioxid-Emission, die mindestens zehn Prozent am gesamten anthropogenen Ausstoß beträgt. Außerdem verlieren viele Tiere ihren Lebensraum und es verschwinden jeden Tag Pflanzen- und Tierarten von diesem Planeten, die nie wiederkehren. Wir vernichten also wichtiges Erbgut und vergehen uns daher an der Artenvielfalt. Am Beispiel Regenwald wird deutlich, dass wirtschaftliches Profitdenken die Interessen der Umwelt oftmals nicht berücksichtigt. Wie sonst ist es zu erklären, dass große Konzerne an der Zerstörung des Regenwaldes beteiligt sind. Es wäre ein Leichtes, die Rodungen zu stoppen. Ein weltweiter Verbraucherboykott von Tropenholz wäre dabei als Unterstützung nützlich. Die Kleinbauern, die von den Brandrodungen leben, könnten sich mit finanzieller Unterstützung eine andere Existenz aufbauen.

Jeder Einzelne von uns kann also etwas für den Umwelt- und Klimaschutz beitragen. Dies ist wichtig, weil nur dann die Bundesrepublik Deutschland eine Vorreiterrolle übernehmen kann, wenn wir alle beim Klimaschutz mitmachen. Wir sollten nicht denken, dass man als Einzelner machtlos ist. Das Gegenteil ist der Fall. Die Politik muss aber denjenigen belohnen, der sich umweltgerecht verhält. Da wir in einer kapitalisierten Welt leben, muss sich diese Belohnung auch in Euro und Cent auszahlen. In Hamburger Schulen läuft beispielsweise das »fifty/fifty«-Programm. Es ermuntert Schüler und Lehrer gleichermaßen, Energie einzusparen, um dadurch Heiz- und Betriebskosten zu senken. Der finanzielle Gewinn darf dann zur Hälfte von der Schule einbehalten werden, die andere Hälfte geht zurück an die Stadt. Auf diesem Wege gewinnen alle Beteiligten: die Schulen, die Stadt Hamburg und natürlich die Umwelt. Insbesondere die Schulen erlangen durch das »fifty/fifty«-Programm eine gewisse Flexibilität, weil sie sich von dem Geld Dinge leisten können, die vorher unerreichbar erschienen.

Ich plädiere keinesfalls für einen allmächtigen Staat. Aber die Politik kann nicht von ihrer Verpflichtung entbunden werden, Rahmenbedingungen zu schaffen, damit unsere Umwelt nicht weiter so gewissenlos geschunden wird. Dabei muss klar sein, dass derjenige, der sich umweltgerecht verhält, auch belohnt wird. Die Politik sollte mithin die Motivation stärken, sich energiebewusster zu verhalten. Derartige Bestrebungen sollten aber nicht vor der Industrie Halt machen. Auch hier muss ein Druck ausgeübt werden, damit möglichst energieeffizient gearbeitet wird. Was bei Schülern funktioniert, sollte auch bei Großkonzernen möglich sein. Bei dieser Diskussion dürfen wir auch nie vergessen, dass wir hier in Deutschland die Lebensbedingungen in anderen Gegenden der Welt mit beeinflussen. Die Auswirkungen des globalen Klimawandels können in den Ländern der Dritten Welt viel schlimmere Ausmaße annehmen als bei uns. Der Slogan »Freie Fahrt für freie Bürger« besitzt nur dann eine Legitimation, wenn die gesamte Menschheit ein Mitspracherecht hat.

Der globale Klimawandel ist noch in Grenzen zu halten. Dazu muss der weltweite Ausstoß von Treibhausgasen in diesem Jahrhundert drastisch sinken. Eine zweistufige Strategie ist dafür notwendig. Kurzfristig müssen alle Energieeinsparpotenziale ausgeschöpft werden. Wir Bürger können hier einen wichtigen Beitrag leisten, indem wir immer wieder hinterfragen, ob das, was wir tun, eigentlich umweltgerecht ist. Die Antwort wird beispielsweise gegen die Anschaffung eines Geländewagens sprechen. Langfristig kann uns nur die Entwicklung der regenerativen Energien aus der Klimafalle herausholen. Hier ist vor allem die Weltpolitik gefragt, sich über die Entwicklung und Einführung der regenerativen Energien zu verständigen. Aber auch wir Bürger können mithelfen, in dem wir beispielsweise »sauberen« Strom kaufen und so die Entwicklung der regenerativen Energien auf unsere Weise fördern.

Innovative Forschung braucht Bildung

Deutschland ist ein Exportland. Wir leben von der Innovation. Die derzeitige Wirtschaftskrise zeigt deutlich, dass wir in einer Sackgasse angekommen sind. Wir sind zwar im internationalen Vergleich immer noch an der Spitze und bauen beispielsweise hervorragende Autos, die im Ausland sehr begehrt sind. Das reicht aber nicht mehr. Andere Länder holen auf und konstruieren inzwischen genauso gute Autos, die sie jedoch zu deutlich niedrigeren Kosten herstellen können. Dadurch haben diese Länder Wettbewerbsvorteile in unserer inzwischen globalisierten Welt, denn wir können nicht zu diesen Kosten produzieren. Selbst wenn sich Politiker aller Parteien darin überbieten würden, den Wohlstand der Menschen in Deutschland herunterzufahren, niemals werden wir mit den niedrigen Löhnen in Ländern wie Korea oder China mithalten können. Deswegen ist es zwecklos, diesen Kampf überhaupt aufzunehmen. Es sei denn, wir möchten unseren Lebensstandard massiv zurückschrauben. Wir können aus der gegenwärtigen Wirtschaftskrise nur herauskommen, wenn wir wieder einmalig werden. Das bedeutet, dass wir Produkte herstellen müssen, die man woanders nicht herstellen kann.

Die Herausforderung der kommenden Jahrzehnte wird die Energiefrage sein. Wer bei der Entwicklung der regenerativen Energien nicht führend ist, wird die eigene wirtschaftliche Wettbewerbsfähigkeit vollends verlieren. Wir müssen daher ein unmittelbares Interesse daran haben, auf diesem Gebiet Vorreiter zu sein. Natürlich werden wir auch in Zukunft Autos bauen, jedoch muss der Antrieb revolutioniert werden. Erste positive Ansätze gibt es, wie zum Beispiel die Brennstoffzelle. Der dazu notwendige Wasserstoff muss aber regenerativ erzeugt werden, damit wir den Ausstoß von Treibhausgasen in die Atmosphäre vermeiden und in Folge das Klima schützen.

Diese Maßnahmen reichen aber nicht. Eine Revolution ist gefragt, denn wir müssen Techniken entwickeln, die wir uns heute noch gar nicht vorstellen können. Sicher wird es möglich sein, die Sonnenenergie gerade in Wüsten nutzbar zu machen. Erste Pläne dafür liegen schon in den Schubladen vieler Firmen. Aber wir müssen noch weiter denken. Auch bei uns in Deutschland scheint das ganze Jahr über die Sonne, wenn auch bescheidener. Die große Leistung besteht nun nicht darin, wie man sich die Sonne in der Wüste zu Nutze macht, sondern wie wir mit unserem minimalen Sonnenschein Energie gewinnen können. Natürlich müssen wir zunächst einmal die großen Reservoire anzapfen, und diese sind die subtropischen Wüsten. Mit der heutigen Technik ist dies schon jetzt möglich. Dennoch müssen wir uns fragen: Was wird morgen sein? Und was übermorgen? Nur wenn wir dies tun und unsere Forschung an diesen Fragen ausrichten, also wirklich innovativ sind, haben wir die Möglichkeit, unter den Bedingungen der Globalisierung im internationalen Wettbewerb mitzuhalten und damit auch unseren Wohlstand zu sichern. Wenn wir dies nicht tun, werden wir uns von unserem Reichtum verabschieden müssen. Der von Alt-Bundespräsident Roman Herzog geforderte Ruck, der durch unsere Gesellschaft gehen muss, sollte auch für unsere Innovationsfähigkeit gelten.

In diesem Zusammenhang spielt Bildung eine große Rolle, in den Schulen wie auch an den Universitäten. Wenn wir wirtschaftlich führend sein wollen, dann müssen wir dies auch in der Ausbildung sein. Leider gibt es hierzulande bislang noch nicht das Forschungsumfeld, das sich intensiv mit regenerativen Energien beschäftigt. Das Geld floss seit dem Zweiten Weltkrieg und fließt noch immer in die Entwicklung der Kernenergie. Ein ähnlicher Einsatz finanzieller Mittel muss aber jetzt in den Fortschritt regenerativer Energien fließen. Dabei dürfen wir nicht vergessen, dass sich eine derartige Forschung erst aufbauen muss. Wenn wir heute das Geld bereitstellen, heißt dies noch lange nicht, dass die Entdeckung entsprechender Technologien dann schon auf Hochtouren laufen kann. Wir müssen daher möglichst rasch in eine gezielte Forschung investieren, die sich den Fragen der regenerativen Energie annimmt. In diesem Bereich liegt einer der großen Zukunftsmärkte, hier dürfen wir nicht wie auf einigen anderen Gebieten ins Hintertreffen geraten.

Als jemand, der inzwischen seit über zwanzig Jahren im akademischen Bereich tätig ist und die Bildungspolitik in diesem Land verfolgt, habe ich aber wenig Hoffnung, dass eine Bildungsoffensive gelingt. Trotz der Beteuerungen der Politiker, wird immer weniger in die Bildung investiert. Dies gilt für die Schulen, die teilweise in einem katastrophalen Zustand sind, wie auch für die Universitäten. Der PISA-Schock kommt nicht von ungefähr. Wenn man die Schulen so sträflich vernachlässigt wie bei uns, dann kann man kein Land sein, das in der Bildung einen internationalen Spitzenplatz einnimmt. Viele junge Menschen finden darüber hinaus keinen Ausbildungsplatz mehr. Ich frage mich, wohin dies führen soll, wenn unsere Jugend keine vernünftigen Bildungschancen hat. Ähnliches gilt für die Universitäten. Es werden immer mehr Mittel gestrichen, insbesondere wird aber am Personal gespart. Zu lange Studienzeiten sind nicht nur ein Zeichen vermeintlicher Faulheit auf der Seite der Studenten, sondern auch Ausdruck des zunehmenden Lehrmangels. Die Folgen sind verheerend. Langsam aber sicher verlieren wir unsere Innovationsfähigkeit. Dies liegt zum Teil auch daran, dass viele der besten Köpfe inzwischen ins Ausland gehen, weil dort die Forschungsbedingungen aus den verschiedensten Gründen vorteilhafter sind. Wir sind also dabei, den wichtigsten Part unserer Innovationsfähigkeit aufgrund kurzfristiger finanzieller Probleme zu verlieren. Bildung ist aber ein wichtiger »Rohstoff« für uns. Nur wenn unsere Bevölkerung einen hohen Bildungsstand hat, können wir auch in der Zukunft im Konzert der großen Wirtschaftsnationen mitspielen.

Träumen wie Jules Verne

Nur die Innovation garantiert uns Wohlstand, nur sie kann das Klimaproblem lösen. Wir sollten nicht auf die vielen »Ingenieurslösungen« bauen, die von unterschiedlichsten Seiten propagiert werden. So wird beispielsweise vorgeschlagen, das Kohlendioxid in die Tiefsee zu leiten. Ich halte grundsätzlich nichts von solchen Lösungen, das Übel wird dabei nicht an der Wurzel angepackt. Die Tiefseelösung ist ein Eingriff in das System Erde. Da wir nicht genau wissen, wie dieses komplexe System funktioniert, kann es immer wieder zu unerwarteten Reaktionen kommen. Das Ozonloch ist dafür ein eindringliches Beispiel. Wenn wir das Kohlendioxid in die Tiefsee leiten würden, dann wäre das Leben dort unten gefährdet. Sicher, in derart großen Tiefen ist es vielleicht nicht so hoch entwickelt wie hier auf der Erdoberfläche, aber auch diesem Leben gegenüber sind wir verpflichtet. Außerdem wird es in der Folge vermutlich Effekte bewirken, an die wir heute noch nicht denken.

Andere fordern, dass man bestimmte Substanzen in die Atmosphäre einbringen möge, um die Wolkenbildung zu verstärken, auf diese Weise würde sich dann die Erde wieder abkühlen. Und wieder andere möchten riesige Spiegel ins Weltall katapultieren, um die Sonnenstrahlen abzuleiten. Ich kann nur davor warnen, derartige Versuche zu unternehmen. Wir sollten nicht glauben, dass wir das Erdsystem so gut verstanden haben, dass wir mit ihm umgehen können wie mit einem beliebigen Gebrauchsartikel. Wir sollten die Störung durch uns Menschen beseitigen. Dann wird sich das Erdsystem – nach allem, was wir heute wissen – wieder normalisieren.

Die Kernenergie wird die weltweiten Energieprobleme nicht

lösen können, nicht zuletzt deswegen, weil ich mir nicht vorstellen mag, dass sie in diktatorischen oder instabilen Ländern zum Einsatz kommt. Außerdem sollten wir grundsätzlich nicht Probleme auf nachfolgende Generationen verlagern. Die ungeklärte Entsorgungsfrage allein verbietet daher einen weiteren Ausbau der Kernkraft.

Die regenerativen Energien werden heute oft belächelt. Menschen, die ihre Entwicklung vehement fordern, werden oft als Spinner oder Träumer abqualifiziert. Niemand wird aber ernsthaft am Energieproblem vorbeikommen. Wir können daher die Augen vor diesem Problem nicht verschließen. Der Druck auf die Menschheit, den Ausbau der regenerativen Energien voranzutreiben, ist jetzt schon beträchtlich, da wir absehen können, dass die fossilen Energiequellen endlich sind. Wir sollten aber nicht solange mit der Entwicklung von neuen Energieformen warten, bis die fossilen Brennstoffe zur Neige gehen und unser Wetter vollends verrückt spielt. Die Forderung nach verstärkten Anstrengungen in Richtung regenerativer Energien hat daher auch nichts mit Ideologie zu tun. Wir sitzen alle im selben Boot, der Ökonom muss sich um andere Energiequellen ebenso bemühen wie der Umweltschützer. Dies ist eine gute Voraussetzung dafür, dass diese Einsicht bald zu einem gesamtgesellschaftlichen Konsens wird. Die Beweggründe mögen zwar verschieden sein, im Ziel sollten wir uns aber einig sein: Schonung der fossilen und zügige Entwicklung der regenerativen Energien.

Wir Menschen sind sehr innovationsfreudig, wenn wir es wirklich wollen. Es gibt hierfür viele Beispiele. Betrachten wir nur einmal die Raumfahrt. Wir haben es fertig gebracht, auf dem Mond zu landen, und zwar genau auf der von Menschen geplanten Stelle. Einigen wenigen von uns war es sogar vergönnt, dort spazieren zu gehen. Wir haben Satelliten in die Erdumlaufbahn geschickt und diese können mit präzisen Instrumenten aus größter Entfernung eine Zeitung lesen, die Sie in der Hand halten. Wir erkunden ferne Welten und schicken Raumsonden zu den anderen Planeten des Sonnensystems. Auch im täglichen Leben gibt es viele Errungenschaften, die unsere Intelligenz dokumentieren. Als ich Anfang der achtziger Jahre meine wissenschaftliche Laufbahn begann, war es noch ziemlich schwierig, mit Kollegen im Ausland in Kontakt zu treten und sich auszutauschen. Der Besuch von Konferenzen war die einzige Chance, dann folgte das Fax, heute ist Kommunikation rund um den Erdball ohne Probleme dank des Internets möglich. Ich kann mir daher beim besten Willen nicht vorstellen, dass es nicht möglich sein sollte, die Sonne anzuzapfen und die von ihr frei Haus gelieferte Energie im großen Maßstab zu nutzen. Irgendwann werden wir gezwungen sein, dies zu tun. Es wäre aber schade, wenn wir nicht frühzeitig damit begännen und damit die Chancen verspielten, das Weltklima zu stabilisieren.

Ich bin zuversichtlich, dass wir das Klimaproblem lösen können. Noch ist Zeit zum Handeln. Eine gewisse weitere globale Aufheizung der Erde können wir zwar nicht mehr verhindern, die extrem starken Veränderungen wären aber noch vermeidbar. Dies erfordert etwas, was in der Politik sehr selten passiert: Wir müssen alle am selben Strang ziehen, in Deutschland aber auch weltweit. Und dies wiederum bedeutet, dass letzten Endes alle weltpolitischen Probleme nur gemeinsam zu lösen sind. Verdeutlichen lässt sich das an der Entwicklung der Bevölkerung. Wenn wir den Anstieg der Weltbevölkerung begrenzen möchten, dann müssen sich die Lebensgrundlagen in den Ländern der Dritten Welt deutlich verbessern. Das Nord-Süd-Gefälle muss also entschärft werden, wir müssen den enormen Unterschied zwischen den armen und den reichen Ländern minimieren. Nur dann wird es auch Frieden auf der

Welt geben. So gesehen ist das Klimaproblem auch ein Symptom anderer ungelöster weltpolitischer Probleme. Mag ich ein Fantast sein, aber ich bin davon überzeugt, dass man Träume haben muss und deren Umsetzung konsequent verfolgen sollte. Der französische Autor Jules Verne hat uns dies gelehrt, als er vor über hundert Jahren seine Träume niedergeschrieben hat. Einige seiner Fantasien sind heute Realität.